F R E S H Mia/著 B A K E D

新鲜出炉

電子工業出版社
Publishing House of Electronics Industry
北京 • BEIJING

自序

亲爱的读者，非常感谢您选择这本烘焙类生活书。

Mia 是我的英文名字，我的新浪微博和豆果网名是"我家厨房香喷喷"。"我家厨房香喷喷"这个名字是有次在厨房里烘焙甜点烤到满室飘香时有感而发偶得的，对于沉迷烘焙的我而言，烘焙带给我的不仅是美味甜点，更是一种悦人悦己的生活方式。闭上眼睛想象一下：阳光午后，音响里播放着低沉的西洋老歌，猫咪在沙发上伸懒腰，温馨明亮的厨房里一个人在烤箱前叮叮咚咚一阵子，屋子里就开始弥漫着甜点的香气。有小朋友忍不住偷偷溜进香喷喷的厨房，用胖胖的小手来偷捏饼干……这些都是多么美妙的生活场景！

从 2007 年开始学习烘焙，当中虽然有时会很累，但却从未想过放弃，因为学习烘焙既有挑战性又很有趣。面粉、黄油、糖、鸡蛋……只需少少几种食材就可以千变万化产生无数可能，隔着玻璃看着甜点在烤箱里慢慢成型的那种喜悦感更是让人回味无穷，每当那一刻，就会很希望能有机会把这份快乐也分享给其他人。

于是 2010 年我成立了自己的烘焙工作室，幸运地把爱好变成自己的职业，最开心的就是看到从未接触烘焙、茫然无措的同学们通过上课做出自己满意的甜点时，眼睛被笑意点亮的那种快乐满满的表情，心里真的超级有成就感，实在是太爱这种感觉！所以这次能够有机会出书，把食谱分享给更多热爱生活的读者们，也令我倍感荣幸和珍惜。

《新鲜出炉》这本书是按照季节和节日精选出 82 道烘焙甜点并进行了分类。

书中不只教给大家制作甜点的步骤，同时也会传授如何巧用各类烘焙装饰工具、插牌装饰甜点。所以按照这本书操作，即便是烘焙新手也可以实现独立制作精美别致甜点的心愿。无论是亲子手作还是宴请宾客，亦或用作手信，都会让成就感满满。非常希望能通过这本按照时令、季节制作创意甜点的烘焙生活书，帮您领略到四季更替、生活瞬间的美好曼妙。

最后把我特别喜欢的西方谚语分享给大家：

Life is uncertain，eat dessert first.（生命无常，先吃甜点。）

想来正因为生命无常，所以才要更加珍惜当下每一刻的愉悦，让我们马上一起来动手制作甜点并享受甜蜜生活吧！

推荐

九阳股份有限公司

"我们于日用必需的东西以外，必须还有一点无用的游戏与享乐，生活才觉得有意思。我们看夕阳、看秋河、看花、听雨、闻香，喝不求解渴的酒，吃不求饱的点心，都是生活上必要的———虽然是无用的装点，而且是愈精炼愈好。"周作人在 1924 年的北京感叹，在那儿彷徨了十年，终未曾吃到好点心。

街头、巷尾、小店，一杯热气腾腾的咖啡，一块精致的甜点，一个阳光明媚的下午。近一个世纪后的饮食风尚从食为果腹的意念中从容突围，转身走进都市生活的小巷里来。

听说甜味是愉悦的心情，我们就准备了 82 道甜品倾囊相授，在晴天，在雨天，在热闹的聚会，在清冷的独处，在每一个兴高采烈的时刻为你庆祝，在每一个孤寂落寞的场景为你取暖。有人说，都市的快节奏让人闲不下来去享受，亲爱的你，空闲时间和闲心从来都不是一回事。任何一个你愿意付出烹饪的 30 分钟，都能赐予你一整天的欢喜。

与 Mia 相识已很长时间，一直欣赏她对于美味的极致追求。这不是厨子的食谱，我们不专业于菜式多样，也认为吃不在于见多识广，这只是一个普通女性专注于将生活的甜蜜愉悦分享给更多人的笔记，烹制的每一步都真切细致。九阳也同样，希望为每一份美食和热爱烹饪的美食家们助一份力，不能亲身奔赴每个家庭变身你们的大厨师，却可一次次为亿万家庭送去放心的健康厨电，操心着家人们的每一顿饭……

愿拿到这本书的亲爱的读者们都可以手捧一块心爱的甜食，享受惬意的生活。

烤前必读

 常用烘焙食材篇

黄油

是从牛奶中加工提炼出来的，市售黄油分天然黄油和人造黄油，人造黄油含有反式脂肪酸，不利于健康，不建议购买。本书提到的天然黄油，除非菜谱里有特别注明，否则全部指的是无盐黄油。

淡奶油

本书所提到的淡奶油是指可以打发用来裱花的天然动物奶油，脂肪含量一般在 30%~36%，市售奶油分天然奶油和植物人造奶油，天然奶油相对于植物奶油而言更加健康，天然奶油本身不含糖，所以打发的时候要加糖。

细砂糖

本书所提到的砂糖除非特别指出，都是指细砂糖。因为细砂糖颗粒小，好溶解，所以烘焙中常常用到。

糖粉

呈白色粉末状，质地细腻，市售糖粉大多含一定比例的玉米淀粉。如果有料理机也可以自己将砂糖打磨过筛制成纯糖粉。

高筋面粉

高筋面粉蛋白质含量高，筋度强，主要用于制作面包。

中筋面粉

即常见的普通面粉，可以用来制作各种蛋糕饼干及中式面点等。

低筋面粉

低筋面粉通常用来制作质地轻盈的蛋糕、饼干类甜点。因低筋面粉筋力较弱，所以制成的蛋糕特别松软、体积膨大、表面平整。如果买不到低筋面粉，可以用中筋面粉和玉米淀粉以 4:1 的比例自行调和而成。

玉米淀粉

玉米淀粉在烘焙中主要用来降低面粉的筋度，增加黏度。

泡打粉

泡打粉是一种复合膨松剂，又称为发酵粉，在烘焙中起膨化的作用。购买时记得选用无铝泡打粉，会比较健康。

香草荚

香草荚，梵尼兰（Vanilla planifolia）的豆荚，又叫香草枝，广泛用于制作各种甜点及饮品。使用香草荚时先用小刀将香草荚纵向划开，再刮出香草籽加入甜点中。剩下的香草荚和砂糖放在一起密封保存，过段时间就能得到香草砂糖。

天然香草精

通过网络可购买到，购买时要选用天然提炼并带有香草籽的香草精，不要选用人工合成的劣质香草精。

红糖

红糖因没有经过高度精炼，几乎保留了蔗汁中的全部成分，除了具备糖的功能外，还含有维生素和微量元素。与白砂糖相比，红糖味道很特别。

黄糖

黄糖是糖在制作过程中精制之前的产品，含有少量矿物质及有机物，因此带有浅浅的棕黄色，颗粒较粗。

酵母

酵母是一种单细胞真菌，富含 B 族维生素。酵母分为普通酵母和耐高糖酵母，普通酵母制作较高糖分配方的面包时，比较容易发酵失败，制作面包最好选用耐高糖酵母。酵母通常情况下可以放在冰箱冷藏区密封保存，注意不要受潮，在保质期内使用即可。

枧水

制作传统月饼时会用到，是一种碱性的水溶液，成分较复杂，可以通过网络买到。

杏仁粉

烘焙用到的杏仁粉是指扁桃仁（美国大杏仁）磨成的粉末，而不是山杏仁磨的杏仁粉。杏仁粉非常香、口感很好，通常用于制作马卡龙和蛋糕、饼干等等。

抹茶粉

抹茶粉是用天然石磨将蒸青绿茶碾磨成微粉状。好的抹茶粉有着天然的翠绿色泽，味道清新香浓，通常用来制作各种甜点。

小苏打

添加少许小苏打粉可令食物更加蓬松，烘焙中偶尔会用到。

可可粉

可可粉是可可豆经发酵、粉碎、去皮等工序得到可可豆碎片再脱脂、粉碎之后的粉状物，可可粉按加工方法不同分为天然粉和碱化粉。烘焙中用到的可可粉是碱化过的，具有浓烈的可可香气。

吉利丁片

是从动物的骨头（多为牛骨或鱼骨）中提炼出来的胶质，主要成分为蛋白质。主要用于制作慕斯、布丁，起凝固作用。

马斯卡彭奶酪

马斯卡彭奶酪（Mascarpone cheese）是一种将新鲜牛奶发酵凝结，继而去除部分水分后所形成的新鲜奶酪，美味香甜，通常用于制作提拉米苏。奶油奶酪（Cream cheese）是一种未成熟的全脂奶酪，质地细腻，口感微酸，通常用于制作奶酪芝士蛋糕。

朗姆酒

朗姆酒，是以甘蔗为原料生产的蒸馏酒，也称兰姆酒。原产地在古巴，口感甜润、芬芳馥郁。朗姆酒在烘焙中主要用来增加特别风味。

白兰地

白兰地是一种蒸馏酒，以水果为原料，经过发酵、蒸馏、贮藏后酿造而成。白兰地在烘焙中的主要作用是用于提味。

马苏里拉奶酪

马苏里拉（Mozzarella）奶酪，别名马祖里拉，是意大利南部坎帕尼亚（Campania）和那不勒斯（Naples）产的一种淡味奶酪，主要用于制作披萨。

奶油奶酪

奶油奶酪（Cream cheese）是一种未成熟的全脂乳酪，质地细腻，口感微酸，通常用于制作乳酪芝士蛋糕。

 常用烘焙工具篇

烤箱

烘焙必备的工具。家用烤箱最基本的要求是必须要有上下两组加热管，并且上下加热管可同时加热，最好能分开上下火调整温度，且具有定时功能。烤箱过小容易出现加热不均匀的现象，所以烤箱容积不要小于24L。另外，微波炉和烤箱的加热原理不同，所以不能替代烤箱制作甜点。

注意事项：
家用烤箱因为容积较小，所以温度通常会偏高、偏低或不稳定。烘焙时，配方温度只是参考，不一定适合你的烤箱，需要灵活地调整。例如按配方180℃烤10分钟，当发现烤糊或者不熟时，下次就要适当调整温度。烤制过程中也要随时观察食物在烤箱中的颜色变化，一定要仔细观察，灵活掌握，并适度调整温度。

面包机

如果有面包机，制作面包会比较方便。可以根据设置的程序，放好配料后，自动和面、发酵、烘烤出各种面包。

电动打蛋器

用于打发鸡蛋、奶油、黄油等各种食材，一般分为高、中、低三个速度挡位，可以按照打发需要进行调节。

空气炸锅

快速循环热空气和烤箱部件的独特结合，可快速炸出各种美味食物，用来制作一些简单快手的甜点。

料理机

主要用来研磨各种烘焙用的粉类，以及制作慕斯时用的水果泥。

手动打蛋器（蛋抽）

主要用于搅拌和简单地打发食材。

硅胶刮刀

也叫橡皮刮刀，用于搅拌和混合。硅胶质地柔软，可以更有效地贴合容器，能够将面糊等食材从打蛋盆中刮取干净。

筛网

用于过筛各种粉类，可以选择不同密度的筛网做不同用途。

量杯

用于量取较大分量的食材，特别是液体。

量勺

通常一组四个，从大到小依次为 1 大勺、1 小勺、1/2 小勺、1/4 小勺。其中 1T（1 大勺）=1tablespoon =15ml，1t（1 小勺）=1teaspoon =5ml。用量勺称取食材时要取平勺不要满溢。

擦丝器

有各种规格的擦丝器，用来擦奶酪丝或柠檬皮屑。

搅拌盆

打发必备。不锈钢的搅拌盆比较适合烘焙。可以购买不同尺寸的搅拌盆，使用起来会比较方便。

抹刀

常用于将装饰蛋糕抹平。

晾架

也叫晾网，烤好的甜点可以放在晾网上，凉透后再保存。

模具

各种蛋糕和饼干模具、巧克力模具也是烘焙中必不可少的。模具多种多样，可按照自己需要的大小、形状进行挑选。

烘焙油纸

烘焙油纸主要用于铺垫烤盘和模具，防止食物与模具粘连。使用本书的烘焙配方时如无特别标注，通常烤盘里都需用垫油纸防粘。

锡纸

主要用途也是铺垫烤盘、包裹模具。

电子秤

烘焙必备。选择精准灵敏的电子秤，是保证烘焙成功的关键因素。如无烘焙经验，遇到克数较少的食材最好多称一次确保准确无误。

纸杯

是烤杯子蛋糕必备的纸模。挑选漂亮的纸杯，会给蛋糕增色很多。

硅胶垫、马卡龙垫

既可以用来揉、擀面团，也可以直接放进烤箱烘烤马卡龙，是烘焙必备品。

擀面杖

擀制面包、饼干面团的必备品。

月饼模具

现在使用的月饼模具大多是树脂材质的，由压模器和花片组合而成，规格有大有小，可以按需购买。

锯齿切刀

用于蛋糕、面包或其他甜点的切片。

脱模刀

将戚风或海绵蛋糕由模具中脱模时使用。

常见烘焙名词解释篇

称重

烘焙新手一开始请勿轻易修改配方，准确地按照配方称重是保证烘焙成功的第一步，家用电子厨房秤可以通过网络购买，建议必备。分量小的原材料也可以使用量勺。

过筛

烘焙用的粉类很容易结块，所以使用时通常要过筛。过筛时可使用木勺为辅助工具，结块的粉类用勺子背面碾压即可通过筛网，成为细腻的粉末状。

如需多种粉类混合，过筛之前可将粉类先混合在一起，再进行过筛。

打发

家庭烘焙中的打发，一般用电动打蛋器来完成。打发的对象主要有黄油、蛋白、蛋黄、淡奶油、全蛋。打发可以使原料在搅拌过程中混入空气，从而变得蓬松，体积增大，使甜点松软且口感更佳。

1 蛋白打发

打发至湿性发泡

打蛋器沿着一个方向搅打，出现大量泡沫时开始分次等量地加入细砂糖，直到关掉打蛋器提起打蛋头时蛋白可以拉出小弯钩，即为湿性发泡。

打发至干性发泡

蛋白打至湿性发泡后，继续用电动打蛋器搅拌，直至出现提起打蛋头蛋白可以拉出直立小尖角，蛋白看上去像奶油般细腻有光泽，即为干性发泡。蛋白达到干性发泡后，不要再继续打发，如蛋白打发过度会呈现块状或棉絮状。

注意事项：
打蛋器搅拌头和打发蛋白的容器必须干净并且无水无油，否则无法打发。

2 蛋黄打发

用电动打蛋器高速打发蛋黄 3~5 分钟不等，如需加糖打发时，请将糖平均分次加入，不要一次全部加入，打发至颜色呈浅黄色、蛋黄变得十分浓稠时，将打蛋器的搅拌头轻轻提起时，蛋黄呈缎带状飘落即可。

3 全蛋打发

全蛋打发比蛋白打发需要更长的时间，全蛋在40℃左右最容易打发，所以通常全蛋打发时会将打蛋容器放入热水中隔水打发。全蛋打发后蛋糊会变得浓稠且蓬松轻盈，通常当打发至提起打蛋器滴落下的蛋糊不会马上消失，可以在蛋糊表面画出清晰纹路时，即打发完成。

4 黄油打发

黄油切成小块，放在碗里软化，必须软化到可以很轻松地用手指把黄油戳洞的程度。黄油的软化方法中最常规的方法是切小丁放在室温下让它慢慢软化，软化的时间根据黄油的多少、室温的高低而不同。如果是冬天室温较低，可以切小丁放入微波炉加热几十秒，或者隔着热水软化。打发后的黄油呈现轻盈的羽毛状，颜色变浅，体积变大。

注意事项：
太硬或已经融化为液体的黄油不能用来打发，已融化为液体的黄油可以放到冰箱冷藏待刚刚凝固时取出打发。

5 黄油加蛋液打发

烘焙中经常会出现黄油加蛋液打发，需注意鸡蛋要提前放至室温，黄油与鸡蛋温度需大致相同，而不是刚从冰箱取出时冰凉的状态，否则容易出现黄油和蛋液分离。另外，如果蛋液较多，需要分次加入黄油中打发，这样也可防止出现黄油蛋液分离的情况。

6 淡奶油打发

动物性淡奶油打发前需放在冰箱冷藏至少 12 小时以上。操作时要在打发盆下面垫放有冰水的容器。将淡奶油倒入打发盆中，根据个人口味加入糖粉（参考糖量与奶油量一般为 1:10，也可按照自己的口味调整），用电动打蛋器高速搅打淡奶油。在搅打的过程中，鲜奶油会变得越来越稠厚，体积也渐渐变大。这时转低速继续搅打，淡奶油纹路略有纹理，晃动打发盆有轻微流动性，此时为 6~7 分发。继续打发，当打蛋器搅拌头拉起来有下垂弯钩状，此时为 8 分发。接着打发，当纹路清晰、硬挺、表面光滑，提起搅拌头，会拉出硬挺的小尖角时则为完全打发状态。

鲜奶油打发好以后，不要继续搅打。如果打发过度，会呈现油水分离，也就是俗称的豆腐渣状态，打发过度的鲜奶油无法用来裱蛋糕。

注意事项：
淡奶油打发后不能久放，要立刻使用，已经开封的淡奶油要冷藏保存。

翻拌

翻拌最有效的工具是硅胶刮刀，质地柔软可以贴合搅拌容器的形状并且能够将容器壁的面糊也刮干净。为了防止分体式刮刀的刀头在翻拌时滑落，推荐使用一体式硅胶刮刀。

翻拌是用硅胶刮刀从底部向上快速翻起拌匀面糊的方法，千万不要打圈搅拌。

烤箱预热

烤箱要预热到指定温度后才可以烘焙食物。预热方法是将烤箱提前调整到指定温度，空烤一会，达到指定温度后再将食物放入。家用烤箱的预热时间大约需要 5~10 分钟。具体时间可根据自家烤箱情况灵活掌握。一般来讲，功率越大、体积越小的烤箱预热越快。通常制作甜点时，在制作过程中感觉约有 10 分钟即可结束操作时就要开始预热烤箱了，这样比较节约时间。

隔水加热

是指用水蒸气的热度来加热原料，可避免直接在火上加热的温度过高不易控制，隔水加热可将加热温度控制在 100℃ 以下，操作时原料（如巧克力）放在小容器中然后取较大容器注入热水，将小容器放在大容器上，用热蒸气来将原料软化或者融化。

目录 CONTENTS

春游

母亲节

儿童节

父亲节

感恩节

圣诞节

附录

后序

春节

每年农历正月初一，是传统意义上新年的开始，俗称"春节"。这个节日是中国人最隆重的传统佳节，也是家人团聚、走亲访友、其乐融融、迎接春天的美好日子。如果能够自己亲手制作寓意吉祥、新颖特别的精致甜点，更是尽显心意。一起来制作并分享这些甜点，给春节增添些甜蜜的味道吧！

豹纹可可香酥曲奇

抹茶玫瑰曲奇

柠香玛德琳

草莓装饰巧克力奶酪纸杯蛋糕

富贵有鱼面包

红豆蛋挞

随心什锦水果奶油杯

豹纹可可香酥曲奇

曲奇的称谓来源于英文 Cookie，据说是由香港传入的粤语译音，曲奇的种类多种多样。新年新气象，给基础曲奇也换上美丽的豹纹新衣吧，聚会时端出来一定新奇又拉风，豹纹控们不要错过！

烘焙难度 ★ ★ ★

烘焙时间：烤箱中层，上下火，160℃，约 15 分钟
参考分量：约 20 片

配料

黄油（室温）70g
糖粉 45g
全蛋液（室温）25g
低筋面粉 130g
可可粉 2t（10ml）
盐 1/8t（0.625ml）

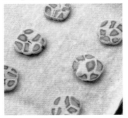

制作

1. 黄油室温软化后加糖粉和盐，用电动打蛋器打发至颜色发白、体积增大。

2. 分三次加入已打散的全蛋液，每次加入后都要搅拌均匀后再加入下一次。

3. 筛入低筋面粉，用硅胶刮刀翻拌，使黄油和面粉融合成粗颗粒状。

4. 称重后取出三分之一的面团，筛入可可粉 1t，切拌均匀。再将切拌好的可可面团里分出一半，加入另外 1t 可可粉揉匀。

5. 用手分别将三个面团揉至光滑。

6. 将浅色可可面团搓成长条（每条长约 20cm，大致均等，搓成 7~8 根），不需要粗细均匀，不规则的形状会让豹纹效果更加自然。

7. 再将深色可可面团也搓成长条（每条长约 20cm，大致均等，搓成 7~8 根）。取一条，上面撒点面粉防粘，然后用擀面杖擀扁，将浅色可可条放在上面并把它包起来。

8. 取原色面团同样分 7~8 份，搓成长条压扁，将深色可可条包在里面（不需要包得很规则）。

9. 将包好的面团归拢成圆柱体，用保鲜膜包紧，放入冰箱冷冻 45 分钟定型。

10. 将面团取出，用锋利的刀切成厚约 0.5cm 的薄片，放入上下火 160℃ 预热的烤箱中层，烤约 15 分钟至表面金黄，即可出炉，放凉后密封保存。

碎碎念
1. 豹纹饼干的美丽在于每片花纹都各不相同，所以在做面团造型时可以适当随意发挥，不需要太死板。
2. 将饼干放入烤盘时，每块饼干之间要预留约 2cm 的空隙，以防烘烤的时候饼干膨胀粘连到一起。
3. 不同的烤箱温度会有差异，请按照自家烤箱的实际情况进行适度的温度调节。

配料

黄油（室温）100g
低筋面粉 120g
抹茶粉 1T（15ml）
炼乳（室温）50g
糖粉 20g
盐 1/4t（1.25ml）

抹茶玫瑰曲奇

选用清新怡人的抹茶来制作玫瑰曲奇，口感和色泽都清新明快，节日里带上它去做客，一定会深受欢迎的。

烘焙难度 ★ ★ ★

> **烘焙时间：烤箱中层，上下火，180℃烤 7 分钟后，转 150℃烤 8 分钟**
> **参考分量：约 30 片**

制作

1. 黄油室温软化后加糖粉和盐，打发至颜色变浅、体积增大，再分 3 次加入炼乳，打发至蓬松状态。

2. 低筋面粉和抹茶粉混合过筛。

3. 过筛好的粉类倒入打发的黄油中，用硅胶刮刀切拌均匀。

4. 把面糊放到装有小号五齿花嘴的布质裱花袋内，手持裱花袋顺时针螺旋状挤出玫瑰花型曲奇。放入上下火 180℃预热的烤箱中层，烤 7 分钟，然后转上下火 150℃烤约 8 分钟。出炉后放凉，密封保存。

碎碎念

1. 烤抹茶类点心，建议选择香气足、颜色明快的优质进口抹茶粉，例如宇治若竹抹茶。
2. 如果糖粉有受潮结块现象，要提前过筛一下。
3. 炼乳要从冰箱提前取出称重，并室温放置到与黄油温度基本一致时使用。
4. 烤制过程中，先用高温定型，保持形状不塌陷，然后低温慢烤，可保持抹茶的明快色泽。
5. 可以在有圆形印记的马卡龙硅胶垫上挤曲奇，能保证曲奇大小一致。

柠香玛德琳

配料

鸡蛋（室温）2 个
砂糖 55g
蜂蜜 15g
低筋面粉 80g
柠檬皮碎屑 10g
柠檬汁 15g
色拉油 60g
泡打粉 3g

玛德琳模具防粘用料

色拉油 少许
高筋面粉 少许

法式甜点玛德琳成功的标志是烤出个圆滚滚的小肚子，所以它的烘焙过程是精彩不容错过的。烘烤时搬张椅子坐在烤箱前，眼睛都不舍得眨，盯着玛德琳的小肚子一点一点地慢慢鼓起来，真是神奇又有趣！这道柠香玛德琳因为增加了柠檬，烤的时候有很重的柠檬香气，让人心情愉快，所以这是一道从制作到品尝都会感到很幸福的甜点呢！

烘焙难度 ★ ★ ★

> **烘焙时间：烤箱中层，上下火，180℃，约 15 分钟**
> **参考分量：6 只**

制作

1. 用柠檬刨刀把外层黄色的柠檬皮刨成细碎的柠檬屑，柠檬从中间切开后把 15g 柠檬汁挤到杯子里。

2. 鸡蛋、蜂蜜、砂糖用蛋抽拌匀。

3. 加入柠檬屑。

4. 筛入混合好的低筋面粉与泡打粉，用刮刀拌匀。

5. 加入色拉油和柠檬汁拌匀，此时用刮刀挑起面糊时呈缎带状飘落，放到冰箱冷藏 30 分钟以上，取出后用刮刀倒入一次性裱花袋内。

6. 玛德琳模具表面刷色拉油并均匀筛少许高筋面粉（防粘），将盛有面糊的裱花袋剪口，把面糊均匀挤满模具（面糊高度与模具边缘持平）。

7. 烤箱 180℃上下火预热，将烤盘放入烤箱中层，烤 15 分钟左右，待玛德琳蛋糕表面膨胀、色泽金黄时即可取出。

碎 碎 念

1. 柠檬皮要用热水加盐搓洗去蜡。

2. 刨柠檬皮时要注意不要刨到柠檬白色的中间层，否则会发苦。

3. 玛德琳面糊放入冰箱冷藏至少 30 分钟，这步不可省略。

4. 刚烤好的柠香玛德琳不要急于品尝，因为香味还没有完全散发出来，放置 4 小时后，才能更加充分地品尝出玛德琳里柠檬的清香。

配料

巧克力纸杯蛋糕配料
低筋面粉 85g
可可粉 1.5T（22.5ml）
泡打粉 1/2t（2.5ml）
小苏打 1/4t（1.25ml）
黄油（室温）60g
细砂糖 60g
鸡蛋（室温）1 个
牛奶 75ml

表面装饰用料
奶油奶酪（室温）250g
糖粉 50g
可可粉 1T(15ml)
中等大小的草莓 6 颗
糖粉 少许

碎碎念

1. 鸡蛋打散后的全蛋液一定要提前从冰箱取出放至室温，否则与黄油融合打发时很容易出现油水分离的现象。冬天南方没有暖气室温较低时，可以提早取出，放到取暖设备旁边升温。

2. 天气温度较高时，如果不是马上吃，有表面装饰的蛋糕需冷藏保存。因蛋糕中含黄油，冷藏会变硬，需要在吃之前提早取出回温变软后再食用。

草莓装饰巧克力奶酪纸杯蛋糕

新年里正是草莓季。草莓一向是甜点的好搭档，选用大颗新鲜又好看的草莓装饰在巧克力杯子蛋糕上，制作过程简单，口感香甜不腻，颜值一级棒！

难度 ★ ★ ★

> **烘焙时间：** 烤箱中层，上下火，170℃，约 25 分钟
> **参考分量：** 6 杯

制作

1. 室温软化的黄油加细砂糖，用电动打蛋器搅打至颜色发白、体积增大。

2. 鸡蛋打散后平均分 3 次加入黄油中继续打发，每次都要彻底搅打均匀，再加入下一次。

3. 将所有粉类混合过筛，将一半的过筛粉类和一半牛奶混合，用刮刀翻拌均匀，然后再加入另外一半的过筛粉类和牛奶，继续用刮刀翻拌均匀。

4. 将面糊装入裱花袋中，挤入纸杯内至七分满，放入 170℃上下火预热的烤箱中层，烤约 25 分钟，取出放凉。

5. 将可可粉、糖粉过筛后加入到室温软化的奶油奶酪中，用打蛋器搅打均匀。

6. 将奶油奶酪霜放入已经装有大号六齿花嘴的裱花袋中，手持裱花袋螺旋转圈将奶油奶酪在纸杯蛋糕上挤出玫瑰状，然后在表面装饰上一颗草莓，筛少许糖粉会更加美丽。

碎碎念

1. 三角形鱼鳍状面团如果一开始就连在一起，发酵以后就不明显了，所以要记得略微保持空隙。

2. 酵母要使用耐高糖的酵母，并注意保证酵母的活性。

3. 面团二次发酵完成的状态约是面团发酵前的两倍大，手指轻按面团，所按处不会回弹，并且略有张力。

4. 面包发酵是否到位要根据面团状态来判定，而不能只看时间。

5. 关于面包发酵及扩展状态详解，请见书中第 204 页。

6. 趁面包还有余温时用保鲜袋密封保存，这样面包就不会变干变硬。

富贵有鱼面包

好彩头的富贵有鱼面包，看上去萌萌的，非常适合欢欢喜喜、热热闹闹的春节，用它来招待客人一定会很受欢迎。

烘焙难度 ★ ★ ★ ★

> **烘焙时间：烤箱中层，上下火，180℃，15~20 分钟**
> **参考分量：6 只**

配料

高筋面粉 200g
低筋面粉 50g
细砂糖 30g
盐 1g
奶粉 10g
酵母 3g
牛奶 165g
黄油 20g

馅料
红豆沙馅 60g

表面装饰用料
全蛋液 适量
葡萄干 6 颗

制作

1. 将除黄油以外的所有配料称重，放入面包机内桶里。

2. 把内桶安装到面包机内，按下面包机的面团发酵功能，揉至表面光滑（约需 10 分钟）。

3. 面团加入切成小丁的黄油后，继续用面包机揉至扩展阶段，然后在面包机内进行发酵。当面团发酵至约 2 倍大时，用手指蘸面粉戳面团，面团上的小洞不回缩、不塌陷，即为发酵完成，将面团从桶内取出。

4. 将面团分成 50g 和 20g 的面团各 6 个，将这些面团和剩余的一个面团分别排气滚圆后，盖上保鲜膜松弛 15 分钟。

5. 取 1 份 50g 的面团擀成圆形，放入豆沙馅（10g），包成两边尖、中间鼓起的橄榄形（鱼身）。

6. 取 1 份 20g 面团擀成圆形，把边向内折成三角形，三角形底部向内挤成内弧状，接在橄榄形面团的后面做鱼尾。

7. 将剩余的面团擀成薄片，用小号的裱花嘴（直径约 1.5cm）压出圆形，放在相应的眼部的位置上，轻轻按压贴紧。

8. 用剪刀剪 1 个长三角形、3 个小三角形做鱼鳍。放在鱼身上面的小三角形用手轻压一下，放在体侧的三角形不用直接接触面团，最后发酵后会连起来。将鱼形面团放入烤箱内，烤箱底层放一杯热水，用烤箱的发酵功能进行二次发酵。

9. 待面团二次发酵结束后在表面刷蛋液，在头部圆形的小面团上面压一粒葡萄干做眼睛，在眼睛下方剪个开口做嘴巴，用剪刀几排鱼身上剪几排小口做鱼鳞。

10. 烤箱 180℃上下火预热，将面包放入烤箱中层，烤 15~20 分钟至表面金黄，即可取出。

配料

成品蛋挞皮 4 只

蛋挞水配料
淡奶油 40g
牛奶 30g
糖粉 15g
蛋黄 1 个
低筋面粉 1/2t（2.5ml）
炼乳 1/2t（2.5ml）
蜜红豆 少许

红豆蛋挞

过节宴请时总觉得家里烤箱忙不过来，那就让空气炸锅来分担制作一道红豆蛋挞吧。这道红豆蛋挞制作简单，酥松香甜，趁热品尝味道很棒！

烘焙难度 ★ ★

> **烘焙时间： 200℃，上下火，约 20 分钟**
> **参考分量： 4 只**

制作

1. 将淡奶油和牛奶、炼乳混合，加入糖粉搅拌融化，再加入蛋黄用手动打蛋器搅拌均匀。

2. 筛入低筋面粉混和拌匀，用滤网过筛，去除杂质后倒入蛋挞皮内约 8 分满。

3. 空气炸锅 200℃预热 5 分钟，内桶里铺上锡纸，将蛋挞放入炸锅内桶。

4. 烤约 5 分钟，打开炸锅，在蛋挞上放少许蜜红豆，关上炸锅继续烤 15 分钟。

5. 烤好后取出，即可趁热品尝。

碎碎念

1. 如果使用烤箱制作，温度也是 200℃上下火，中层烤 15~20 分钟。

2. 如果没有蜜红豆，不加亦可。

配料

手指饼干或蛋糕边角料
  2~4 片
淡奶油 120g
糖粉 12g
各种时令水果 适量
薄荷叶 少许

随心什锦水果奶油杯

制作蛋糕经常会剩下蛋糕边角料和水果，也不要浪费，加上奶油，来制作一杯随心所欲的什锦水果奶油杯，犒劳一下辛勤劳动的自己吧！

难度★★

烘焙时间: 无需烤箱
参考分量: 2 杯

碎碎念

1. 手指饼干的制作见本书第 37 页。基本上所有质地松软的蛋糕边角料，都可制作这种快手奶油杯。

2. 蛋糕片用量多少，可按照自己杯子的大小进行适度调整。

3. 奶油杯做好后放入冰箱冷藏 4 小时，待手指饼干吸湿后品尝，味道更佳。

制作

1. 准备好手指饼干或蛋糕片，各种水果切丁。

2. 淡奶油加入糖粉，打发至有清晰花纹即可。

3. 挑选喜欢的杯子，杯底用勺子铺上奶油。

4. 加上各种水果丁。

5. 平铺上手指饼干或蛋糕片。

6. 继续舀上奶油、加水果。

7. 重复叠加，最上面一层摆放水果和薄荷叶装饰即可。

情人节

情人节又称圣瓦伦丁节，时间是每年的 2 月 14 日。这是一个关于爱的浪漫节日，玫瑰是节日庆祝时必不可少的经典礼物。在情人节，巧克力与甜品也是不可或缺的，唯美食与爱不可辜负，相爱的人们用美味甜点来表达对爱人的甜蜜情谊，所以这个节日的甜点大多以精致浪漫为主题。

印章情话饼干

配料

黄油 65g
砂糖 55g
鸡蛋（室温）1 个
低筋面粉 150g

表面装饰用料
食用红色素 适量

恋爱中的人儿，有多少时候是爱意在心口难开？不妨把心意交给情话饼干来表达，吃到的人应该能够瞬间感受到幸福吧！饼干配方简单易做，而且全程不需要打发及手揉，非常方便。

难度★★

> **烘焙时间：烤箱中层，上下火，160℃，约 10 分钟**
> **参考分量：约 25 片**

制作

1. 黄油隔水加热融化成液体。

2. 一次性加入砂糖和鸡蛋（整颗放入），用刮刀顺时针搅拌均匀，然后筛入低筋面粉。

3. 用刮刀切拌均匀成面团，放入保鲜袋压扁，送至冰箱冷藏 1 小时。

4. 面团取出擀成厚约 0.5cm 薄片。戴上一次性食品手套，蘸食用红色素均匀抹在印章表面，注意不要抹到印章侧边。

5. 将印章轻轻印到饼干胚上。

6. 用心形或其他模具压出形状，放入 160℃上下火预热的烤箱中层，烤制约 10 分钟，至表面金黄取出，密封保存。

碎碎念

1. 印章记得要用滚水烫过消毒。

2. 蘸红色素均匀抹在印章表面时，注意不要抹到印章侧边。

3. 饼干比较薄，所以烘烤最后 3 分钟建议不要离开烤箱，看到饼干表面金黄即可出炉。

手指饼干

配料

蛋黄 3 个
蛋白 2 个
低筋面粉 70g
砂糖（加入蛋白中）35g
砂糖（加入蛋黄中）20g

制作著名的意大利甜点提拉米苏蛋糕时，不可或缺的原料之一就是手指饼干。手指饼干同时也是一款用途多多的饼干，不仅可以用来制作提拉米苏，也可以用来做其他慕斯蛋糕，直接品尝也是非常松脆美味。

难度 ★ ★ ★

> **烘焙时间：烤箱中层，上下火，烤箱中层 180℃，烤约 10 分钟**
> **参考分量：约 18 根**

制作

1. 蛋白、蛋黄分离，蛋白用电动打蛋器打至呈粗泡状态。

2. 分 3 次加入 35g 砂糖，打发至干性发泡。

3. 将 20g 砂糖加入蛋黄，用打蛋器搅打至浓稠。

4. 用刮刀取一半蛋白加到蛋黄容器里，再加入一半过筛后的低筋面粉，用刮刀翻拌均匀。

5. 重复步骤 4，将剩下的一半蛋白和低筋面粉也加入容器中，翻拌均匀。

6. 烤盘内铺上油纸，将面糊装入裱花袋。

7. 裱花袋剪口，挤出宽约 1.5cm，长约 8cm 的长条面糊，送入 180℃上下火预热的烤箱，烤约 10 分钟，至表面金黄即可取出。

碎 碎 念

1. 切拌面糊时要用刮刀从底部向上翻拌，千万不要划圈搅拌，容易消泡。

2. 手指饼干烘烤时会膨胀，所以挤面糊时要注意留有空隙，以防粘连。

3. 打发蛋白时打蛋头和打蛋盆都要干净，并且无水无油。

玛格达莲娜彩虹杯子蛋糕

玛格达莲娜（Magdalena）蛋糕据说是由西班牙圣克拉拉教会修女最早研制出的甜点。选用优质初榨橄榄油制作，温润绵密的口感令人感动。制作好的玛格达莲娜纸杯蛋糕配上美貌的彩虹蛋白糖，品尝到的爱人心里一定也犹如雨后彩虹般灿烂无比！

难度 ★ ★ ★

参考烘焙时间：烤箱中层，上下火，180℃，约18分钟
参考分量：6 杯

配料

低筋面粉 80g
泡打粉 3g
鸡蛋（室温）1 个
砂糖 65g
淡奶油 45ml
特级初榨橄榄油 25ml
柠檬皮屑 1/2 个柠檬

蛋糕表面装饰

彩虹蛋白糖 6 片（制作
　方法见书中的第45页）
奶油奶酪（室温）150g
糖粉 30g

碎碎念

1. 制作时一定要使用优质初榨橄榄油。

2. 柠檬皮注意不要取到柠檬中层白色的部分，会发苦。

3. 奶油奶酪霜也可换成淡奶油，同样美味。

4. 用插牌代替彩虹糖也会很漂亮。

制作

1. 柠檬用热水快速清洗表层，并用刨皮刀取 1/2 表层黄色的柠檬皮屑。

2. 鸡蛋打散，砂糖和柠檬皮屑倒入蛋液，用蛋抽搅拌均匀，依次加入淡奶油和橄榄油，每次都要搅拌均匀后再加入下一种配料。

3. 低筋面粉和泡打粉混合后筛入步骤2，用刮刀切拌均匀。

4. 把面糊装入裱花袋，挤入铺好油纸托的模具中，每个倒 7 分满，室温静置半小时，送入上下火 180℃ 预热的烤箱中层，烤约 18 分钟，待表面金黄取出放凉。

5. 奶油奶酪室温软化后加入糖粉，搅打顺滑，放入装有中号星形裱花嘴的裱花袋。在杯子上螺旋挤一朵奶油花，然后把彩虹蛋白糖插上即可。

配料

马斯卡彭芝士（室温）
　　250g
淡奶油 200g
蛋黄 3 个
意大利浓缩咖啡 50ml
朗姆酒 1T（15ml）
水 75ml
细砂糖 75g
吉利丁片 2.5 片（12.5g）
手指饼干 8~10 根

蛋糕表面装饰

可可粉 适量
糖粉 适量
时令水果（可选）适量

碎碎念

1. 如果没条件自己冲煮意大利浓缩咖啡，可以选择使用 1/2T 纯速溶咖啡粉兑 45ml 热水来替代。一定要要选择纯咖啡粉而非加了奶精和糖的二合一咖啡粉。

2. 手指饼干制作可见本书第 37 页，也可直接购买成品手指饼干。

3. 提拉米苏蛋糕脱模时，用吹风机沿着蛋糕模四周热风吹一下，或者用热毛巾贴模具外围捂约 30 秒钟，待贴着蛋糕模的芝士糊稍微融化即可轻松脱模。

4. 最好在食用之前再撒上可可粉和糖粉，以防粉类受潮。

提拉米苏

提拉米苏蛋糕是经典的意大利甜品，名字翻译成中文是"带我走吧！"甜点背后据说有着动人而甜蜜的爱情故事。提拉米苏有很多个版本，这里介绍的这款提拉米苏口感轻盈迷人，非常适合情人节。快来制作这道甜点与情人共同品尝，留下甜蜜回忆。

难度 ★ ★ ★

> **烘焙时间：无须烘焙**
> **参考分量：6 寸方形蛋糕模具 1 个**

制作

1. 准备原料并称重。冲泡的意大利浓缩咖啡（50ml）放凉后和朗姆酒混合，吉利丁片用冰水泡软，蛋黄用打蛋器打发到浓稠的状态。

2. 将水和细砂糖放入锅中，煮沸后离火。

3. 一边慢慢将糖水倒入第 3 步打发好的蛋黄，一边用电动打蛋器继续搅打，待糖水倒完后，继续用打蛋器搅打 5~8 分钟，待蛋黄糊蓬松发起后，放凉备用。

4. 将室温软化的马斯卡彭芝士用打蛋器搅打至顺滑。

5. 平均分 4 次将蛋黄糊加入马斯卡彭芝士中混合，切拌均匀。

6. 已经泡软的吉利丁片滤干水分，隔水加热至溶化，放温成为吉利丁溶液。把吉利丁溶液分次倒入第 5 步混合好的马斯卡彭芝士糊里，切拌均匀。

7. 淡奶油用电动打蛋器打发到出现纹路后，即可用刮刀分 3 次加入到马斯卡彭芝士糊里，翻拌均匀。

8. 把手指饼干放入咖啡混合酒液内浸透并快速取出，均匀铺放在活底模具中。

9. 盖上一层芝士糊至模具容量的 1/2 处，然后再放一层浸透酒的手指饼干，最后盖上一层芝士糊至模具 8~9 分满。

10. 放入冰箱冷藏至少 4 个小时以上，待彻底凝固后取出。

11. 脱模食用之前用筛网筛上可可粉，然后用糖粉筛出图案装饰，或者摆放上时令水果装饰即可。

配料

高筋面粉 300g
细沙糖 55g
盐 1g
酵母 5g
全蛋液 30g
牛奶 115g
淡奶油 40g
黄油 20g

刷面包表面用料
全蛋液 适量

玫瑰花奶油面包

玫瑰哪里都可以买到，但是甜美的玫瑰花面包却不是人人都可以收到。情人节来临，用烤得金灿灿、松软香甜的手作玫瑰花面包来表白心意，收到的人心情一定会很甜蜜呢。

难度★★★★

> **烘焙时间：烤箱中层 160℃，上下火烤 8 分钟，转 170℃上下火烤约 25 分钟**
> **参考分量：8 寸不粘蛋糕圆模 1 个**

碎碎念

1. 烘烤时最好选用不粘模具，如果使用普通模具要做好防粘处理。

2. 二次发酵完成的状态是面团发酵约两倍大，手指轻按面团，所按处不会回弹，并且略有张力。

3. 面包发酵是否到位，要根据面团状态来判定，而不能只看时间。

4. 关于面包发酵及扩展状态详解，请见书中第 204 页。

5. 趁面包有余温时，用保鲜袋密封保存，这样面包不会变干变硬。

制作

1. 将除黄油外的材料全部称重并放入面包机内桶。

2. 内桶安装到面包机上，按下面包机的面团发酵功能，揉约 10 分钟，揉成光滑的面团，加入切成小丁的黄油，继续揉至扩展阶段。

3. 面团在面包机内发酵至约两倍大，用手指蘸面粉在面团上戳洞不回弹、不塌陷即可结束发酵，取出面团。

4. 面团排气后称重，然后平均分成 35 个小面团，盖上保鲜膜松弛 15 分钟。

5. 将小面团擀成直径约 8cm 的圆片。

6. 每 5 片一组，一片压一片从下往上卷起来。

7. 用刀从当中切开变成两朵玫瑰花。

8. 依次排列整齐放入圆形模具内，放入烤箱后使用烤箱的发酵功能，并且在烤箱底层放杯热水，保持湿度进行二次发酵，发酵完成后取出。

9. 刷上全蛋液，放入已经 160℃上下火预热的烤箱中层，烤 8 分钟后转下火 170℃，继续烤约 25 分钟，待上色满意后出炉，趁热脱模。

配料

蛋白 2 个
砂糖 100g
柠檬汁 3 滴

调色用料
红、黄、蓝、绿、紫色
　食用色素 少许

彩虹蛋白糖

颜色鲜艳夺目的彩虹蛋白糖，很适合用来装饰蛋糕或作为庆祝类小甜点出场，来增加节日气氛。

难度★★

> **烘焙时间：烤箱中层，上下火，90℃，约 90 分钟**
> **参考分量：10 片**

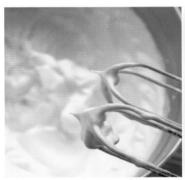  

制作

1. 蛋白、蛋黄分离，蛋白用电动打蛋器打至呈粗泡状态。

2. 加入柠檬汁 3 滴后分 3 次加入砂糖，继续打发。

3. 搅打至干性发泡状态。

4. 将打发好的蛋白分 7 等份，每份分别加不同色素搅拌调色，依次调出粉色、绿色、蓝色、紫色、黄色、大红色，最后剩余部分保留白色。

5. 装入裱花袋，裱花袋剪小口。每个颜色画一条弯线，一起构成彩虹，彩虹底部用白色蛋白霜挤出云朵。

6. 放入 90℃上下火预热的烤箱内，烤约 90 分钟。待表面烤干不粘手时关火。不要取出，放入烤箱内自然凉透后取出，密封保存。

㊀㊀㊀

1. 蛋白打发时一定要保证蛋白和打发工具以及容器都干净，要做到无水无油。

2. 出炉后要彻底放凉才能揭开，如果放凉后还是很黏不好揭，说明没烤透，需要继续放入烤箱低温慢烤，延长烘烤时间直至不黏。

配料

黑巧克力币 120g
朗姆酒 1T（15ml）
淡奶油 90g
黄油 15g

巧克力表面用料
可可粉 适量

手工松露巧克力

松露巧克力并不含松露，而是因为裹上可可粉的手工巧克力，看上去和刚出土的松露很像而由此得名。加入朗姆酒和淡奶油的松露巧克力外表朴实，而口感柔软丝滑、酒香浓郁，特别美味，实在是非常适合情人节制作品尝呢！寒冷冬日，窗外落雪沙沙，和心爱的人盖着厚毯子、喝着暖暖热茶，一起分享香醇凉滑的甜点，想想都很甜蜜。快来尝试制作，享受惊喜美味吧！

难度★★

烘焙时间：无须烘焙，制作约 45 分钟
参考分量：约 10 粒

制作

1. 黑巧克力币用刀切碎。

2. 淡奶油和切碎的黄油放入小锅，小火煮至已冒热气，但尚未沸腾时加入朗姆酒搅拌匀，将切碎的巧克力倒入锅中。

3. 用木勺顺时针搅拌，直至巧克力全部融化（如室温较低，巧克力不能完全融化，可将巧克力继续隔热水加热搅拌至融化），巧克力液放凉后放入冰箱冷藏至接近凝固（约需 4 小时）。

4. 准备半碗过筛好的可可粉，从冰箱取出巧克力后，戴一次性手套快速挖出巧克力，并快速略捏成圆球状后放入可可粉中。

5. 摇晃碗直至可可粉均匀粘满松露巧克力表面。

6. 从碗中取出后放入巧克力纸模即可。

碎碎念

1. 巧克力尽量选用可可脂含量 50% 以上的巧克力，口感更佳。
2. 做好的巧克力要放入密封盒搁在冰箱冷藏保存，最好一周内吃完。
3. 制作巧克力过程中，巧克力不能沾到水，否则会变粗糙不易成型。
4. 天然可可脂巧克力放到手中操作时很容易融化，要尽量快速操作，夏天室温较高时不建议制作。

春游

春游又称踏青，最妙的时节是每年的 3 月到 5 月。此时春暖花开、万物复苏，点点新绿点缀着大地，正是踏青好时节，而户外野餐也是春游中最令人期待的时刻。找个阳光明媚的好天气，带上清新美妙的甜点，和伙伴们一边领略春意一边美美品尝，认真感受生活的幸福与欢乐。

香草装饰饼干

春日抹茶纸杯蛋糕

蓝莓樱桃乳酪麦芬

樱花双色慕斯

樱花闪电泡芙

迷你蓝莓乳酪派

香草装饰饼干

配料

黄油（室温）70g
砂糖 30g
高筋面粉 30g
低筋面粉 100g
海盐 1g
香草精 2 滴
新鲜薄荷叶 适量

春游季，微风拂面，阳光正好，挎上小篮子，带上小点心，莫要辜负春日好天气，去公园来个美滋滋的小野餐吧！这款饼干曲奇，添加了香草点缀，看上去很有文艺范儿，味道清新又美妙。用可爱的饼干袋包装后作为手信，表达心意也是一极棒哦！

难度★★

| 烘焙时间：烤箱中层，上下火，160℃，约 20 分钟 |
| 参考分量：约 20 片 |

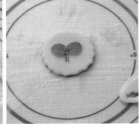

制作

1. 剪下新鲜的薄荷叶洗干净，用厨房纸吸干水分。黄油室温软化后加砂糖、香草精、海盐打发至蓬松。

2. 高筋面粉和低筋面粉分别称重，混合过筛，加入到步骤 1 的黄油糊中。

3. 用硅胶刮刀切拌均匀，揉成面团，放入冰箱冷藏 45 分钟。

4. 取出，用擀面杖轻轻擀压成厚度约 0.6cm 的薄片，用饼干模具压出圆片。剩余的面皮边角料可以揉成团再次擀成面皮，用模具压出圆片，直至面团做完。

5. 将薄荷叶或其他可食用的植物直接按在饼干表面，动作要轻柔，叶子四周尽量压平不起翘。

6. 放入 160℃上下火预热的烤箱中层，烤约 20 分钟，待饼干四周略上色后出炉，冷却后密封保存。

碎碎念

1. 表面装饰也可选用其他颜色鲜艳的可食用香草。

2. 植物直接按压在饼干表面，动作要轻柔，叶子边角要尽量压平不起翘，如果起翘不服帖，可以隔着保鲜膜用擀面杖轻轻擀平。

春日抹茶纸杯蛋糕

春日里，用翻糖制作的美丽小花朵来装饰杯子蛋糕，看上去很漂亮，而且制作过程并不复杂，加入味道清新浓郁的抹茶，仔细品尝真是唇齿留香，抹茶爱好者不要错过哦。

难度 ★ ★ ★

烘焙时间：烤箱中层，上下火，160℃，约 15 分钟
参考分量：约 9 杯

配料

纸杯蛋糕配料
黄油（室温）70g
砂糖 30g
全蛋液（室温）80g
泡打粉 1/4t（1.25ml）
抹茶粉 1T（15ml）
低筋面粉 70g
盐 1/8t

抹茶奶油配料
淡奶油 200g
抹茶粉 1t（5ml）
朗姆酒 1t（5ml）
糖粉 20g

表面翻糖装饰花朵
甘佩斯 40g
食用绿色素少许
装饰糖珠 少许
糖粉 少许

制作

1. 室温软化的黄油加砂糖，用电动打蛋器打发至颜色变浅、体积增大。

2. 全蛋液分 4 次加入黄油，并打发至蓬松。

3. 低筋面粉和抹茶粉、泡打粉、盐混合后筛入黄油糊中，用硅胶刮刀切拌均匀。

4. 蛋糕面糊放入裱花袋中，裱花袋剪口，面糊挤入纸杯约 8 分满。

5. 放进 160℃上下火预热的烤箱中层，烤约 15 分钟，取出放凉。

6. 翻糖甘佩斯称重，手揉至柔软，取出二分之一，加食用绿色素调成喜欢的绿色，放到硅胶垫上，撒少许糖粉防粘。

7. 用擀面杖把翻糖甘佩斯擀至厚约 0.3cm 薄片，用翻糖压模压出小花，把黄色小糖珠按入花芯。将绿色的翻糖甘佩斯擀平，用压模压出叶子形状。

8. 淡奶油隔冰水打发至出现纹路后，筛入抹茶粉及糖粉，加入朗姆酒，继续打发至呈明显花纹后放入裱花袋，裱花袋剪 1 个约 1cm 宽的小口子，螺旋挤出奶油填满蛋糕表面，插上甘佩斯小花及叶子，装饰上糖珠即可。

配料

蓝莓 50g
樱桃 80g
奶油奶酪 50g
鸡蛋（室温）1 个
低筋面粉 100g
酸奶 50g
砂糖 45g
黄油（室温）50g
泡打粉 1t（5ml）

蓝莓樱桃乳酪麦芬

蓝莓富含花青素，具有活化视网膜的功效，可以强化视力，防止眼球疲劳。樱桃含铁量高，位于各种水果之首，常吃樱桃可补充体内对铁元素的需求，增强体质，健脑益智。添加了水果、奶油乳酪和酸奶的麦芬层次丰富、果香十足，口感很惊艳，享受这既美味又营养的甜点是多么令人开心啊！

难度★★★

烘焙时间：烤箱中层，上下火，170℃，约 25 分钟
参考分量：4 杯

制作

1. 低筋面粉和泡打粉混合过筛，樱桃去核切碎，奶油奶酪切成 1cm×1cm 左右的方丁。

2. 室温软化的黄油加砂糖，用电动打蛋器打发至颜色变浅、体积增大。

3. 分 3 次加入打散的全蛋液，继续打发至蓬松。

4. 加入一半已混合过筛后的低筋面粉和泡打粉，用刮刀切拌均匀。

5. 倒入一半酸奶，用刮刀切拌均匀，重复一次以上步骤，加入剩下的另外一半粉类和酸奶，再次混合均匀。

6. 把奶油奶酪丁倒入面糊并切拌均匀。

7. 用勺子把面糊盛入纸杯的三分之一处，加入蓝莓 3~5 颗和樱桃粒少许。

8. 继续舀入面糊至 8 分满，顶部撒上蓝莓和樱桃粒。放入 170℃上下火预热的烤箱中层，烤约 25 分钟，待表面呈金黄色即可关火取出。

碎碎念

1. 这款麦芬趁热食用会更美味。

2. 樱桃也可以用其他时令水果取代。

配料

慕斯底层
巧克力口味奥利奥饼干 60g
黄油 30g

慕斯中间层
淡奶油 150g
吉利丁片 1 片
原味酸奶 90g
抹茶粉 1t（5ml）
红色素 少许
糖粉 15g

慕斯透明表层
吉利丁片 1 片
醉月樱花酒（可选）1t（5ml）
新鲜樱花或盐渍樱花 3 朵
砂糖 8g
纯净水 120ml

碎碎念

1. 樱花酒网络有售，输入关键字"醉月樱花酒"或其他樱花酒即可。如果买不到不添加也不影响美味。

2. 慕斯类甜点的甜度可按照自己口味适度调整糖量。

3. 为方便春游携带，也可使用带盖的一次性慕斯杯制作。

樱花双色慕斯

每年春天，从第一株樱花结出花苞时就开始盼望着樱花快快盛开，把甜美的樱花装饰到慕斯蛋糕上仔细观赏、美美品尝，努力记住春天的味道。

烘焙难度★★★

烘焙时间：无须烘焙
参考分量：3 杯

制作

1. 吉利丁片用冰水泡软。

2. 新鲜樱花清洗干净剪去根部（可保持平整）备用。如果用盐渍樱花则需反复泡水去除盐味。

3. 奥利奥饼干用料理机打成粉末，加入隔水融化成液体的黄油拌匀。

4. 用勺子把饼干末平均放入 3 个杯子的底部并且尽量压实，放入冰箱冷藏 15 分钟。

5. 淡奶油加糖粉隔冰水打发至 7 成发，呈现流动状并且略有花纹。

6. 原味酸奶加入泡发的吉利丁片，小火隔水融化，待吉利丁完全融化后关火放凉。

7. 将酸奶与淡奶油用刮刀混合切拌均匀，即为慕斯糊。

8. 取出一半混合好的慕斯糊筛入抹茶粉，切拌均匀，另外一半用牙签沾一点红色素调成浅粉色，将慕斯糊分别装入两个裱花袋中。

9. 从冰箱取出装入饼干的杯子，裱花袋剪口挤入部分粉色慕斯糊。放入冰箱冷藏约 30 分钟等待凝固。

10. 纯净水加砂糖、泡发好的吉利丁片后隔水加热搅拌融化成液体，待液体微温时倒入樱花酒。

11. 冰箱取出杯子，裱花袋剪口挤入抹茶慕斯糊。放入冰箱冷藏 30 分钟待凝固后取出，倒入吉利丁液，摆上樱花，放入冰箱冷藏凝固即可。

碎碎念

1. 烤好的泡芙如果不能马上吃完，不要填充奶油。用保鲜袋密封后放置冰箱保存，吃之前烤箱 180℃烤 3~5 分钟，重新把表皮烤至酥脆，味道更佳。

2. 泡芙对温度要求较高，各家烤箱温度不同，需要在烤箱前观察火候、调整烘焙时间。

3. 面糊如果太湿，泡芙不易烤干，而且烤出来容易塌陷。合适的面糊状态是用工具挑起来呈倒三角，且尖端距离底部 4cm 左右，不会滴落。

4. 烤箱一定要充分预热，且温度要达到 210℃高温烘焙定型，膨胀定型后转低温度，充分烤干水分才不会塌陷和内部偏湿。

5. 如果没有樱花，改成其他可食用的花朵或糖粒装饰也会很美。

6. 樱花酒网络有售，买不到不加亦无妨。

配料

泡芙主料
水 80g
低筋面粉 50g
全蛋液（室温）约 60g
玉米油 35g
盐 1g
细砂糖 3g

巧克力淋面
白巧克力 150g
红色素 少许

泡芙内馅
淡奶油 250g
糖粉 25g
醉月樱花酒（可选）1t（5ml）
可可粉 1t（5ml）

泡芙表面装饰
清洗干净的樱花花瓣 少许
彩色糖粒 少许

樱花闪电泡芙

一年一度樱花季，尽情制作各种樱花类甜点吧。选用八重关山樱的花瓣来装饰制作美丽的樱花闪电泡芙，具体做法如下。

烘焙难度 ★ ★ ★ ★

> **烘焙时间：烤箱中层，上下火， 210℃先烤 10~15 分钟定形，
> 然后转 180℃再烤 20~30 分钟**
> **参考分量：约 10 只**

制作

1. 将水、玉米油、盐、细砂糖称重后倒入不粘锅中。

2. 不粘锅小火加热，当水开始起泡后关火，将过筛的低筋面粉一次性倒入锅中，用铲子快速搅拌。

3. 拌匀后再次放到灶上用小火煮掉多余水分。

4. 当面糊成团时，关火，倒入打蛋盆中，散去余热。将打散的鸡蛋少量分次缓慢加入面团中，每次用铲子搅拌均匀后再加入下一次（蛋液分 4~5 次加入）。

5. 一边加入蛋液一边观察面糊的软硬度，直到用刮刀挑起面糊时面糊呈现倒三角形状，尖角到底部的长度约 4cm，并且不会滴落即可，不需再加蛋液。

6. 将面糊放入加了中号齿型裱花嘴的裱花袋中，挤出约 8cm 的长条。

7. 放入上下火 210℃预热的烤箱中层，烤 10~15 分钟定形，待泡芙充分膨胀起来后转 180℃再烤 20~30 分钟，烤出表面金黄色后取出放凉。

8. 白巧克力隔水小火融化成液体，用牙签沾红色素调成粉红色。

9. 淡奶油先隔冰水打发至开始出现纹路，然后依次加糖粉、可可粉、樱花酒打发至呈明显花纹，装入裱花袋并剪小口。

10. 在泡芙反面戳孔，挤入奶油。

11. 把泡芙正面朝下均匀蘸上粉红色巧克力。

12. 趁巧克力尚未凝固时，用樱花花瓣和糖粒随意装饰点缀。

配料

派皮
黄油（室温）40g
砂糖 15g
低筋面粉 100g
冷水 33g
全蛋液（刷派皮用）少许

乳酪馅
奶油奶酪（室温）85g
糖粉 30g
鸡蛋（室温）1 个
酸奶 30g（室温）
玉米淀粉 5g
柠檬汁 10g
进口蓝莓颗粒果酱 适量

表面装饰
新鲜蓝莓 适量
樱桃或其他时令水果 适量

碎碎念

1. 派皮不要过多翻拌揉
压，否则面团容易起筋，
导致口感不酥松。
2. 制作乳酪馅，要将材
料依次放入，搅打至顺
滑，要有耐心，否则颗
粒过多会影响口感。
3. 用漂亮的食品袋包装
好就可以带出门春游时
品尝了。

迷你蓝莓乳酪派

蓝莓和乳酪芝士真是好搭档，把他们组合在一起口感酸甜又清香，再搭配上烤得酥酥的派皮，更是美味！

难度 ★ ★ ★

烘焙时间：烤箱中层，170℃，上下火，约 25 分钟
参考分量：3~4 个

制作

1. 低筋面粉过筛后和砂糖混合均匀，加入室温软化的黄油，用手指把黄油和低筋面粉搓成粗玉米粉样的状态。

2. 将冷水倒入步骤 1 的面粉中，轻轻揉成面团，放到冰箱冷藏 30 分钟，取出后擀成大片的薄面片。

3. 把薄面片搭在派模上，用擀面杖滚过派模，压去边角多余面皮。

4. 挞皮底部用叉子戳小洞，以防烤时鼓起。

5. 挞皮覆盖上红小豆（可使用镇石或清洗干净的其他豆子，目的是压住挞皮防止鼓包），放入 170℃上下火预热的烤箱中层，烤约 10 分钟，出炉冷却后取出豆子。

6. 将酸奶分两次加入室温软化至柔软的奶油奶酪中，搅打均匀，直至奶酪顺滑无颗粒，加入糖粉、玉米淀粉搅拌均匀。然后分 3 次加入打散的全蛋液，继续搅匀，最后加新鲜柠檬汁搅拌均匀。

7. 将乳酪馅倒入派皮里，用小勺把带有蓝莓颗粒的果酱填入乳酪糊中。放入 170℃上下火预热的烤箱中层，烤约 15 分钟。

母亲节

每年 5 月的第 2 个星期日为"国际母亲节",据说选择这一时间是因为 5 月天气晴朗、明丽。母亲节是歌颂母爱的日子,也是最值得真诚感恩的日子。很多时候,我们在忙碌的工作和生活中会忽略了对母亲表达我们的爱,所以这一天记得要送上鲜花和祝福,并且用心亲手制作营养又美味的甜点送给母亲品尝,让她感受到你的牵挂与爱……

石板街坚果酥

柠檬酸奶曲奇

奶牛花纹戚风

玫瑰装饰奶油蛋糕

红糖枣泥面包卷

黑天鹅泡芙

配料

黄油（室温）80g

细砂糖 30g

鸡蛋 1 个

低筋面粉 170g

可可粉 10g

小苏打 1/4 t（1.25ml）

巧克力（可可脂含量 50% 以上）30g

熟核桃仁 20g

棉花糖 15g

石板街坚果酥

这款混合了坚果、棉花糖和巧克力碎的坚果酥，表面凹凸不平，颇像石板路上参差不齐的碎石，于是就有了"石板街"这个生动的名字。

难度 ★ ★ ★

> **烘焙时间：烤箱倒数第二层，180℃上下火，烤 23 分钟**
> **参考分量：约 12 片**

制作

1. 把巧克力切小丁，熟核桃仁掰碎块，棉花糖用剪刀剪成小块。

2. 黄油加细砂糖，用电动打蛋器打匀后，分 3 次加入已搅匀的全蛋液，继续打发至蓬松。

3. 低筋面粉、可可粉、小苏打混合均匀并过筛，倒入步骤 2 中，用刮刀切拌成面团后包上保鲜膜，放入冰箱冷藏 1 小时。

4. 取出后将面团擀至厚度约为 0.5cm 的长条，去除多余边角料，用刀对半切分成 2 条，尽量呈规则的长条状。

5. 将核桃碎分散按压在面皮上（要压实），送入 180℃上下火预热的烤箱中层，烤 15 分钟。

6. 取出后在面皮表层分散撒上棉花糖粒，再放入烤箱中层烤 3 分钟，再次取出，在表面空档处撒上巧克力碎，入炉烤 5 分钟即可关火。

7. 趁热用刀切成长条，待放凉后即可密封保存。

碎碎念

1. 坚果中的核桃仁如果是生的，需要放到上下火 130℃预热的烤箱中先烤 10 分钟，烘熟后使用。核桃仁亦可用切碎的熟杏仁来取代。

2. 趁热切片会比较好切。

柠檬酸奶曲奇

配料

黄油（室温）70g
糖粉 40g
酸奶 30g
柠檬皮屑 （1/2 个柠檬）
低筋面粉 130g
核桃仁 20g

烤柠檬曲奇时厨房里充满浓浓的柠檬香，真是令人心情愉悦。烤完这款曲奇后会特意把厨房门关得紧紧的，希望能够多保留一会儿这美妙的香气。

难度 ★ ★ ★

> **烘焙时间：** 烤箱中层，上下火，190℃烤 8 分钟后，转 160 ℃烤 10 分钟左右
> **参考分量：** 约 **12 块**

  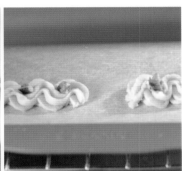

制作

1. 柠檬用盐搓洗表层后用滚水清洗，再用柠檬刨刀将 1/2 的表皮擦成碎屑。

2. 核桃仁放入 130℃上下火预热好的烤箱中层，烤 10 分钟，取出后放凉掰碎。

3. 室温软化好的黄油加糖粉，用电动打蛋器打发均匀。

4. 加入酸奶、柠檬碎屑拌匀后，筛入低筋面粉，并用刮刀切拌均匀。

5. 面糊放入已装有中号星型花嘴的布制裱花袋内，挤成波浪状长条（约 7cm），表面插上核桃碎装饰。

6. 放入 190℃上下火预热的烤箱，烤 8 分钟后转 160℃再烤 10 分钟左右，至表面金黄即可出炉。

碎 碎 念

1. 曲奇烤制过程中先高温定型保持形状不塌陷，然后再低温慢烤保持颜色金黄、口感酥软。

2. 柠檬皮只擦取表层黄色部分，柠檬白色的中间层味道发苦，不要取用。

3. 搭配一杯热柠檬茶同时品尝，味道更赞。

配料

可可糖浆配料

可可粉 10g

热开水 20g

砂糖 20g

戚风配料

鸡蛋 4 个

砂糖 45g

玉米油 45g

牛奶 50g

低筋面粉 70g

奶牛花纹戚风

将可可戚风与牛奶戚风面糊混合出特别的奶牛花纹，看上去好有趣，并且味道也非常赞呢。

难度 ★ ★ ★ ★

```
烘焙时间：烤箱倒数第二层，上下火，150℃，约 45 分钟
参考分量：6 寸圆模 1 个
```

 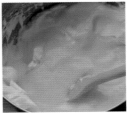 

制作

1. 制作可可糖浆：可可粉、砂糖与热开水混合，用勺子搅拌均匀至全部融化无颗粒，放凉备用。

2. 将蛋白与蛋黄分离，蛋黄与玉米油混合均匀（不要搅拌过度，否则容易蛋油分离）。在蛋黄液中加入牛奶，搅拌均匀。

3. 筛入低筋面粉。

4. 用蛋抽顺时针搅拌均匀。

5. 将砂糖分三次加入蛋白中，用电动打蛋器高速打发至蛋白坚挺，且打蛋头打过的地方有明显花纹。

6. 改成低速打发，将蛋白霜内部的大气泡打碎，并且关掉打蛋器后，打蛋头拎起来的蛋白霜是尾部直立的小尖角状（即干性打发）。

7. 取 1/3 的蛋白与蛋黄糊混合切拌均匀，然后把混合均匀的蛋糊一次性全部倒入剩余的蛋白内。

8. 用橡皮刮刀贴着右手边的盆内壁往下抄面糊，并用刮刀顺时针方向贴着盆内壁翻拌均匀。

9. 混合好的蛋糊总重大约是 420g。取一半约 210g 的蛋糊与步骤 1 中的可可糖浆翻拌均匀，翻拌好的蛋糊看上去质地蓬松、稠厚。

10. 先将可可蛋糊倒在模具的上下方向各少许，再将牛奶蛋糊在模具的左右方向倒入少许。接着，再将牛奶蛋糊倒入上下方向各少许，可可蛋糊倒入左右方向各少许（这步可以使可可面糊与牛奶面糊交错开来）。重复叠加这一动作，直到蛋糊全部倒入模具中。

11. 模具在桌上轻震两下，立即放入 150℃上下火预热好的烤箱倒数第二层，烤约 45 分钟。

12. 烤好的戚风从烤箱取出，在桌上轻震 2 下，排去热气，立即倒扣在烤网上晾凉，彻底凉透后脱模即可。

碎 碎 念

1. 蛋黄与色拉油只要混合均匀就可以停止搅拌，不要过度搅拌，否则容易蛋油分离。

2. 对烘焙新手而言，戚风蛋糕请尽量采用低温慢烤的烘焙方式来制作，不要轻易调高温度。

玫瑰装饰奶油蛋糕

造型漂亮的玫瑰奶油蛋糕，表面装饰着立体玫瑰，所以相对而言对于蛋糕表面抹平的技术要求不高，非常适合不会裱花的烘焙新手制作。做得美美的送给妈妈，她一定会喜欢！

难度 ★ ★ ★ ★

配料

6 寸戚风或海绵蛋糕 1 个
淡奶油 550g
糖粉 55g
红色素 少许
时令水果 200g

烘焙时间：无须烘焙，裱花需 45 分钟至 1 小时
参考分量：6 寸蛋糕

制作

1. 借助蛋糕分割器（网络有售）或者牙签（例如：蛋糕体高为 10cm，想分成均等两片，那么需要在 5cm 高度插上一根牙签，取 4~6 个点围着蛋糕绕一圈插牙签），用锯齿蛋糕刀来回横切将戚风蛋糕分成高度均等的 2 片（根据情况，分 3 片亦可），分割后用毛刷去除蛋糕表层多余碎屑。

2. 分两次打发淡奶油：第一次先将 250g 淡奶油中加入 25g 糖粉，将打蛋盆坐入冰水中，用电动打蛋器从低速到高速搅拌。

3. 打蛋器高速搅拌至略微出现纹路时转成低速搅拌，直到关掉打蛋器提起的打蛋头上有残留的奶油，并且盆中的奶油已经有非常明显的花纹时就可以了（天然奶油非常容易打发过度，因此搅拌奶油时，只需打发到七分即可）。

4. 把一片切割好的蛋糕片放在蛋糕转台上，用蛋糕抹刀把奶油置于蛋糕中间部位，从中间向外侧移动抹刀，同时逆时针转动转台，将奶油涂抹均匀，然后将抹刀固定到一个位置，逆时针将转台转动一周，将奶油表面抹平。

5. 把切好的水果取一部分放到奶油上，然后再将部分奶油用抹刀放置于水果上并再次抹平。

6. 盖上一层蛋糕后（如果蛋糕表面不平整需用锯齿刀修平），将剩余奶油稍微打发一下，然后用抹刀将大部分奶油挑到蛋糕中间部分，抹刀从内向外侧将奶油摊开，让奶油往侧面下滑。将蛋糕转台逆时针转动，使奶油从右向左涂抹均匀。将转台转动 1~2 圈，用抹刀将蛋糕表面的奶油摊平。

7. 涂抹蛋糕侧面奶油：先抹平从蛋糕表层滑落于侧面的奶油，将溢出的奶油涂抹均匀后，用刮刀取少量奶油，转盘向前推动 5cm 左右，增加侧面的奶油厚度，多次重复，将奶油涂抹于蛋糕侧面。最后将抹刀垂直于蛋糕侧面固定好，转台转动一周，将奶油涂抹均匀后放入冰箱冷藏。

8. 将 300g 淡奶油倒入打蛋盆，加 30g 糖粉、少许红色素打发至可流动状态并具有明显的光泽感。

9. 取出蛋糕，将奶油抹到蛋糕表面，重复抹面动作直至表面平整，剩余奶油继续打发至有明显花纹状态。

10. 中号 8 齿花嘴放入裱花袋，将裱花袋剪口，把奶油装入裱花袋。

11. 裱花嘴顺时针旋转挤出玫瑰花造型。如果奶油量充足，可以在蛋糕的中间部位多挤一层制造立体感。

12. 蛋糕底部从右侧开始裱贝壳花纹，裱花袋角度垂直与身侧略倾斜，每次挤好后右手向斜下方迅速收一下，反复重复，裱完一圈即可。

13. 在蛋糕表面插上插牌若干会更加好看。

碎 碎 念

1. 因为气温过高容易融化，所以当室温超过 25℃时不建议室温制作天然奶油装饰蛋糕。

2. 烘焙新手如果侧面抹不均匀，可以把侧边也裱上奶油玫瑰花遮挡，同样也很美观。

3. 奶油多少可以按照个人喜好调整，如果不喜欢奶油太多就抹得薄一些，相反则可以按比例增加奶油及糖粉。

4. 天然奶油要坐在冰水里更加容易打发。

5. 含有反式脂肪酸的人造奶油对身体健康有危害，不建议使用。

6. 蛋糕底胚可以选用戚风和海绵蛋糕，具体制作方法见本书第 69 页、第 151 页及第 107 页。

配料

高筋面粉 120g
低筋面粉 30g
奶粉 6g
盐 1/2t（2.5ml）
全蛋液 15g
黄油 15g
酵母 1t（5ml）

红糖水配料
热水 75g
红糖 20g

面包馅料
市售枣泥 约80g

刷面包表面用料
全蛋液 适量

碎碎念

1. 枣泥馅也可换成豆沙馅或者其他喜欢的馅料。

2. 将面团绕成圆形的时候，两头连接的地方一定要捏紧，否则再次发酵时容易散开。

3. 二次发酵完成的状态是面团发酵约两倍大，手指轻按面团，所按处不会回弹，并且略有张力。

4. 面包发酵是否到位，要根据面团状态来判定而不能只看时间。

5. 关于面包发酵及扩展状态详解，请见书中第204页。

6. 趁面包还有余温时，用保鲜袋密封保存，这样面包不会变干变硬。

红糖枣泥面包卷

适合母亲节的红糖枣泥面包卷，补气血又养颜，快来亲手为妈妈制作一份充满心意的甜蜜礼物吧！

难度★★★

> **烘焙时间：烤箱中层，上下火，170℃，烤 15~20 分钟**
> **参考分量：4 只**

制作

1. 黄油切丁，红糖用热水溶化后放凉。将除黄油以外的材料全部称重后放入面包机内桶，将内桶安装到面包机上，按下面团发酵功能键，揉约10分钟，揉成光滑的面团后加入切成小丁的黄油，继续揉至扩展阶段。在面包机内发酵成约两倍大，手指蘸面粉在面团上戳洞不回弹、不塌陷即可结束发酵。

2. 将发酵好的面团取出进行排气。然后将面团分成 4 份分别揉成圆球，盖保鲜膜放在室温下松弛 15 分钟。取一个面团用擀面杖擀成扁圆形，中间放上 20g 枣泥馅并包好。

3. 包好的面团收口朝下，放在案板上用擀面杖擀成长椭圆形。

4. 用小刀在长椭圆形上划出如图所示的斜刀纹路（露出枣泥馅即可，不需完全划穿）。

5. 将面团翻过来，底面朝上，沿边卷起来。

6. 再将卷好的面团绕成圆形，首尾连接并捏紧。

7. 把整形好的面团放到烤盘上，烤箱底层放入一杯热水，然后把烤盘放入烤箱，使用烤箱发酵功能进行二次发酵。

8. 二次发酵完成后，在面包表面刷一层全蛋液，放入170℃上下火预热的烤箱中层，烤 15 分钟左右，至表面金黄色即可出炉。

配料

淡奶油 150g
蛋黄 2 个
牛奶 50g
炼乳 10g
砂糖 20g

法式烤布蕾

经典法式烤布蕾是一款法国传统甜品，虽然制作过程简单，但口感却十分不俗。细腻顺滑、入口即化，搭上焦糖馥郁的焦香，每一口都齿颊留香，令人回味无穷呢。

难度★★

> **烘焙时间：烤箱中层、上下火，170℃烤 25~30 分钟**
> **参考分量：1 个长方形烤碗**

 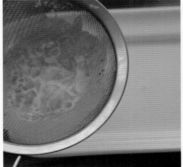 

制作

1. 淡奶油、牛奶、砂糖称重后放入小锅中，用蛋抽搅打均匀。

2. 加入炼乳，小火加热并搅拌至砂糖融化，放置微温。

3. 蛋黄打散后与步骤 2 的奶油液混合并且搅拌均匀。

4. 将混合液过滤，除去杂质与气泡。

5. 过滤好的配料倒入烤碗，放入烤盘中，并在烤盘里面注入适量热水。

6. 把烤盘放入上下火 170℃预热的烤箱中层，烤 25~30 分钟，待布蕾表面有焦糖斑出现并且呈凝固状时，即可取出。

碎碎念

1. 根据烤碗的大小和深浅来灵活调整烤制时间，以烤到有焦糖斑并且凝固为准。

2. 布蕾放凉后放入冰箱冷藏 2 小时后食用，口味更棒。

碎碎念

1. 泡芙糊一定要小火翻拌到比较干的状态，也就是面团开始粘锅并在底部结出薄膜的状态。翻拌不到位的泡芙糊因为水份较多，很容易在烘烤后一出炉就塌陷。

2. 往面糊中加入蛋液要分次加入，并且注意搅拌均匀，要搅拌成顺滑细腻的面糊。

3. 泡芙在烤制中途不要打开烤箱门，以防止泡芙塌陷。

配料

泡芙配料
低筋面粉 50g
可可粉 1T（15ml）
黄油 40g
砂糖 3g
盐 1g
鸡蛋（室温）约 2 个
水 80g

可可奶油奶酪夹馅配料
奶油奶酪 150g
淡奶油 100g
可可粉 1T（15ml）
朗姆酒（可选）1t（5ml）
糖粉 30g

装饰泡芙表面用料
糖粉 适量

黑天鹅泡芙

相比外貌普通的圆型泡芙，精致纤巧的黑天鹅泡芙的确更加优雅迷人，这款泡芙很适合做下午茶，和亲爱的妈妈一起来分享它吧！

难度 ★ ★ ★ ★

烘焙时间： 烤箱中层，上下火，210℃，烤 10~15 分钟，再转 180℃继续烤 20~30 分钟
参考分量： 约 6 只

制作

1. 低筋面粉、可可粉混合过筛，鸡蛋打散备用。

2. 水、黄油、砂糖、盐一起放入不粘锅中。

3. 开小火，一边加热一边搅拌使黄油融化。

4. 待将近沸腾时迅速离火并倒入粉类，用木铲快速搅拌均匀，再放回灶上用小火煮掉多余水分后，离火降温至 60℃ 左右。

5. 少量分次加入已经打散的全蛋液，搅匀后再加下一次，搅拌成均匀面糊。

6. 当提起刮刀，面糊呈 4cm 左右的倒三角状并且不会滴落即可（不必非加完所有蛋液）。

7. 将大部分泡芙糊放入装有大号 8 齿型裱花嘴的裱花袋中，另外一部分（约 1/6）装入另一个剪 0.5cm 小口的裱花袋中。

8. 烤盘上挤天鹅头颈部分：先挤出一个小椭圆球，然后在圆球右方接着挤一个数字 2 的形状，放入 190℃ 上下火预热的烤箱中层，烤约 8 分钟，待泡芙表面膨胀后出炉放凉。

9. 在烤盘上挤出大水滴形状的泡芙糊，放入 210℃ 上下火预热的烤箱中层，烤 10~15 分钟，待泡芙膨胀起来以后转上下火 180℃ 再烤 20~30 分钟，取出后放凉。

10. 制作可可奶油馅料：奶油奶酪室温软化打发蓬松，淡奶油加糖粉、可可粉、朗姆酒打发至花纹清晰，把奶油奶酪和淡奶油用刮刀混合均匀，然后装到已放入中号 8 齿型裱花嘴的裱花袋中，裱花袋剪口备用。

11. 用剪刀沿泡芙三分之一处横向剪开，在底部的空洞里挤上可可奶油。

12. 将顶部的泡芙片从中间剪开成为两个翅膀，分别盖在泡芙底上面，取一个头颈部插入奶油馅上，在天鹅表层稍微筛一点糖粉会更加漂亮。

儿童节

儿童节定于每年的 6 月 1 日，这个节日是小孩子们特别盼望的日子，有礼物，有假期，还有好吃的！孩童时代总是那么的无忧无虑容易满足，仿佛转瞬之间就变成了大人，慢慢地很多朋友家里也都添了小宝贝。然而即使长大了，在儿童节这天也给自己心中的"儿童"放个假吧！和宝贝们一起来制作可爱系甜点，重温珍贵的童年。

彩色棒棒糖饼干

小狮子双色饼干

抱月小熊饼干

柠檬蓝莓冰淇淋蛋糕

手绘巧克力棒棒糖蛋糕

熊宝宝香甜软面包

萌萌烧果子

香醇抹茶冰淇淋

配料

低筋面粉 110g
黄油（室温）50g
糖粉 30g
全蛋液（室温）35g
红、黄、绿色进口食用
　色素 适量
木质水果签　若干

彩色棒棒糖饼干

儿童节是为所有有童心的人们准备的节日，无论年龄大小，只要童心还在，就来开开心心地过节吧！邀请小朋友们一起来制作这款可爱的棒棒糖饼干，也许成品不会十分完美，但制作过程必定能够收获满满的喜悦！

难度★★★

烘焙时间：烤箱中层，150℃，上下火，约 25 分钟
参考分量：约 6 只

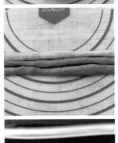

制作

1. 黄油温室软化后加糖粉，打发至颜色变浅、体积增大后，分三次加入已经打散的全蛋液，打发至蓬松。

2. 筛入低筋面粉，用刮刀混合成面团。

3. 面团称重，平均分成三等份，分别加入色素，带上一次性手套分别揉成红、黄、绿三色面团。

4. 三种颜色的面团都分割成每个 10g 的小面团，然后搓成长度为 20cm 左右的细长条。

5. 三色长条螺旋搓成粗长条，盘成圆形，用手掌轻轻按压，插上木质水果签或一次性筷子。

6. 放入 150℃上下火预热的烤箱中层，烤约 25 分钟，放凉即可。

碎碎念

1. 低温慢慢烘焙可保证颜色鲜艳。
2. 滴入色素的面团揉捏时最好带上一次性手套进行操作，以免色素沾到手上，尽可能快速揉匀。
3. 请选用优质进口食用色素。

小狮子双色饼干

萌萌的小狮子饼干很适合儿童节呢。一口咬下去可以同时品尝到可可与原味两种口味的饼干，小朋友们应该会喜欢。快发挥自己的创意和想象力，来给小狮子绘制出各种表情吧！

难度★★★

烘焙时间： 烤箱中层，160℃，上下火，18 分钟	
参考分量： 12 片	

配料

低筋面粉 100g
黄油（室温）40g
细砂糖 40g
可可粉 1t（5ml）
全蛋液（室温）20g
盐 1g
泡打粉 1/4t（1.25ml）

绘制表情用料

黑巧克力币 15g

制作

1. 黄油室温软化，加入砂糖，打发至颜色发白、体积增大后，分 2 次加入已打散的全蛋液，继续打发至蓬松。

2. 筛入已经混合均匀的低筋面粉、泡打粉和盐，并用刮刀拌匀。

3. 称出一半重量的面团，筛入可可粉，切拌均匀，手揉成团。

4. 把原色面团取出 2g（无须冷冻，室温即可），其他的搓成直径约 3cm 的圆长条，把可可面团擀开切掉不规则的边角，整形成长方形（厚度大约 4mm），包裹住原色长条后冷冻 2 小时定型。

5. 取出后切 0.5cm 左右的厚片。把 2g 原色面团搓成条，切出小三角形的耳朵，按到小狮子的头部两侧。放入 160℃上下火预热的烤箱中层，烤 18 分钟左右至表面金黄，出炉放凉。

6. 巧克力币掰碎放入裱花袋，隔热水融化成巧克力液，在饼干上画出小狮子的表情，冷却后即可享用。

碎碎念

1. 不同的烤箱火候不同，请按照自家烤箱温度，适当调整火候与时间。

2. 少量巧克力隔水融化的方法请见书中第 205 页。

抱月小熊饼干

配料

低筋面粉 120g
黄油（室温）60g
全脂奶粉 1t（5ml）
细砂糖 30g
鸡蛋（室温）1/2 个
熟腰果 约 20 颗

其实原本是想用大杏仁制作这款饼干的，但是家里的大杏仁不知什么时候被家里的"零食控"吃光了，只好临时找来腰果救场。做好以后发现弯弯的腰果看上去很像月亮呢，那么这款饼干就叫做抱月小熊饼干吧。腰果烘烤后真是格外酥脆，香喷喷的小熊饼干，小朋友们一定会很喜欢，来看一下做法吧！

难度★★★

> **烘焙时间：烤箱中层，160℃，上下火，约 15 分钟**
> **参考分量：18 片**

制作

1. 黄油室温软化，加细砂糖打发至颜色变浅，分三次加入打散的全蛋液，搅打至蓬松。

2. 低筋面粉和全脂奶粉混合过筛，加入黄油糊中，揉成光滑的面团。

3. 放入保鲜袋，在冰箱冷藏 30 分钟取出，擀成厚约 0.6cm 的薄片。

4. 用小熊模具刻出形状，用牙签戳出眼睛和嘴巴，然后放一颗腰果在小熊怀里，将两只胳膊搭在腰果上，并且抱紧。

5. 将做好造型的小熊，摆放到已垫有油纸或者硅胶垫的烤盘上（防粘）。

6. 放入 160℃上下火预热的烤箱中层，烤约 15 分钟，待表面金黄取出，放凉密封保存。

碎碎念

1. 腰果要选用烤熟的，换成大杏仁制作亦可。

2. 鸡蛋液要提前从冰箱取出，放至室温状态，并分次加入到黄油中打发，这样可避免出现油水分离的现象。

配料

砂糖 90g
柠檬皮碎屑（1 颗柠檬的黄色表皮）适量
柠檬汁 85ml
淡奶油 300ml
黄油 70g
蛋黄 4 个
手指饼干 4 根

蓝莓酱汁用料

蓝莓 85g
砂糖 20g

柠檬蓝莓冰淇淋蛋糕

这款外表朴素的蛋糕优点有三：美味！美味！美味！制作时，黄油与柠檬混合的香气简直令人沉醉。初夏正是吃冰淇淋的好时节，来做这款大小朋友都会喜欢的柠檬蓝莓冰淇淋蛋糕吧，味道一定不会让你失望。

烘焙难度 ★ ★ ★

> **烘焙时间：无须烘焙**
> **参考分量：4 个**

制作

1. 柠檬 1 颗，先用热水烫洗，用盐揉洗清洁去掉表面上的蜡，然后用柠檬刨刀削取黄色表皮的柠檬皮屑。

2. 把砂糖、柠檬汁、柠檬皮屑、蛋黄和切小丁的黄油放入锅中，小火边加热边搅拌，直至浓稠，关火冷却。

3. 将蓝莓和砂糖放入料理机搅拌成果酱，搅拌时间要长一点，要搅拌到果酱均匀细致。

4. 淡奶油打至 7 分发。

5. 分三次加入到已冷却的柠檬酱里，切拌均匀。

6. 模具中加入一半的奶油柠檬酱，震平表面。

7. 将手指饼干表面蘸满蓝莓酱汁，铺在模具中。

8. 将剩余的奶油柠檬酱倒入模具，震平，放入冰箱冷冻 8 小时后倒扣在盘子上，用吹风机脱模，装饰水果即可享用。

碎 碎 念

1. 蛋糕如果冷冻后不好脱模，可以用热吹风机吹一下模具，待四周松动后再脱模。

2. 硅胶麦芬模具可以用其他防粘蛋糕模具来灵活替换。

3. 手指饼干制作请见书中第 37 页。也可购买成品手指饼干来制作。

配料

蛋糕体

黄油 38g

全蛋液 38g

低筋面粉 38g

砂糖 12g

蜂蜜 5g

泡打粉 1g

香草精 2 滴

巧克力外层

白巧克力 180g

绿色色素 少许

红色色素 少许

纸质棒棒糖棍 6 支

手绘巧克力棒棒糖蛋糕

手绘巧克力棒棒糖蛋糕，柔和的绿色和粉色系搭配，甜美又梦幻。在棒棒糖表面挥洒创意、装饰上各种花纹，会令人心情更加愉悦，吃上一个，会有满满的幸福感！

难度★★★★

> **烘焙时间：烤箱中层，上下火，170℃，20 分钟**
> **参考分量：6 个**

制作

1. 全蛋液搅拌均匀，加入砂糖和蜂蜜、香草精搅匀（不需要打发）。

2. 低筋面粉和泡打粉混合过筛后倒入步骤 1 的蛋液中，用刮刀切拌均匀。

3. 黄油隔热水融化成液体，倒入步骤 2 中切拌均匀。将面糊放入冰箱冷藏静置 30 分钟以上。

4. 面糊取出后装入裱花袋内。

5. 裱花袋剪口，将面糊挤入棒棒糖蛋糕模具(要尽量挤满)，盖上模具的盖子。

6. 放入上下火 170℃预热的烤箱中层，烤 15~20 分钟，取出放凉。

7. 白巧克力切碎放入碗中，隔热水小火加热，并用刮刀打圈搅拌至融化。取出 30g 白色巧克力(用来手绘棒棒糖上的花边)，其余的巧克力加色素调成薄荷绿色。

8. 将棒棒糖棍插入巧克力液中，蘸上一点巧克力，插入蛋糕球中（这样可固定住蛋糕球以防掉落）。

9. 蛋糕球浸入巧克力液内，转圈均匀覆盖满巧克力后取出，插在盛有大米、或盛有其他干燥重物的杯子中固定住，放凉至凝固。

10. 白巧克力分出一半（约 15g），用牙签蘸红色素把巧克力调出粉红色。将白色和粉色巧克力分别放入裱花袋内，裱花袋剪小口，随心按自己的喜好在棒棒糖上装饰出各种图案即可。

碎碎念

1. 融化巧克力用深一点的容器比较应手，蘸得更均匀。

2. 外层的天然巧克力在夏天比较容易融化，所以这款蛋糕最好不要在高温天气时制作，如果高温时制作可以放冰箱冷藏，降温放凉。

配料

高筋面粉 280g
黄油 50g
砂糖 30g
奶粉 15g
盐 3g
全蛋液 25g
牛奶 150g
酵母 4g

刷面包表面
全蛋液（面包入烤
箱前刷）少许

表面装饰
黑巧克力 10g
粉红色巧克力 10g

防粘面粉
高筋面粉 少许

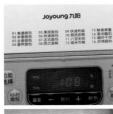

熊宝宝香甜软面包

长睫毛的熊宝宝香甜软面包，看上去呆萌又乖巧，看它睡得那么香甜，真是令人不忍心下口呢！

难度 ★ ★ ★ ★

> **烘焙时间：烤箱中层，180℃，上下火，20 分钟**
> **参考分量：1 只**

制作

1. 除黄油之外的其他配料称重后放入面包机内桶。

2. 把内桶安装到面包机上，按下面团发酵功能，约 10 分钟后揉成光滑的面团。

3. 加入切成小丁的黄油，继续揉至扩展阶段，放在面包机内发酵至约两倍大，用手蘸面粉在面团上戳洞不回缩、不塌陷，即为完成发酵。将面团从面包机内取出，放到案板上（案板提前筛一层面粉防粘）。

4. 按照小熊身材比例称重，把面团分割出耳朵(8g/ 只)、脑袋(120g)、肚子(200g)、胳膊(25g/ 只)、腿(50g/ 条)、手(8g/ 只)、脚(15g/ 只)。分割好的面团排气、滚圆，松弛 15 分钟，然后在铺好油纸的烤盘里依次拼出小熊全貌。拼接不需要粘合剂，只要紧凑拼好，发酵完成后会自动粘连在一起。

5. 把面包胚放入烤箱内，使用烤箱的发酵功能进行二次发酵，在烤箱最底层放一杯热水，保持烤箱内的湿度。

6. 待面包胚二次发酵完成后，刷上全蛋液，放入上下火 180℃预热的烤箱中层，烤约 20 分钟，烤至颜色金黄即可出炉。

7. 将黑巧克力和粉红色巧克力切碎，放入裱花袋中隔热水融化成液体。

8. 面包放凉后，用巧克力画出小熊的表情，并进行细节装饰即可。

碎碎念

1. 小熊面包的面团比例也可以按照自己喜欢的样子调整，制作独一无二的熊宝宝。
2. 二次发酵完成的状态是面团发酵约两倍大，手指轻按面团，所按处不会回弹，并且略有张力。
3. 面包发酵是否到位，要根据面团状态来判定而不能只看时间。
4. 关于面包发酵及扩展状态详解，请见书中第 204 页。
5. 趁面包还有余温时，用保鲜袋密封保存，这样面包不会变干变硬。
6. 少量巧克力隔水融化方法图解，请见书中第 205 页。

萌萌烧果子

配料

低筋面粉 110g
炼乳 60g（室温）
淡奶油 20g（室温）
无铝泡打粉 1/2t（2.5ml）
蛋黄 1 个（室温）
豆沙馅 适量
进口黑色食用色素 适量

简单快手的萌萌烧果子，无油配方更加健康，特别适合与小朋友共同制作、玩耍，有时可爱甜点制作的过程比品尝更令人快乐呢，一起来找回童年的感觉吧！

难度 ★ ★ ★

烘焙时间：烤箱中层，150℃，上下火，25 分钟
参考分量：7 个

制作

1. 炼乳、淡奶油、蛋黄放入打蛋盆中用刮刀搅拌均匀。

2. 低筋面粉、泡打粉混合过筛后加入到步骤 1 中。

3. 刮刀切拌均匀后，用手揉成面团，放入冰箱冷藏 30 分钟。

4. 豆沙馅称重，每个 10g 并团成球。面团取出，分割成每个约 30g 的面团。料理台上筛上面粉，把面团擀圆，包入豆沙馅（面皮尽量擀到中间厚边上薄）。

5. 滚圆后捏出各种小动物的形状，用细毛笔或牙签蘸黑色素画好表情。

6. 放入 150℃ 上下火预热的烤箱中层，烤约 25 分钟，至表面金黄后取出，放凉即可品尝。

碎碎念

1. 尽量买湿度小一些的豆沙馅，比较好包。
2. 烤好后会略微膨胀，所以要预留空间，不要摆放得太密集，否则会粘连在一起。
3. 尽情发挥想象力，创造出各种小动物吧。

香醇抹茶冰淇淋

配料

蛋黄 3 个
细砂糖 75g
淡奶油 240g
抹茶粉 20g
朗姆酒 1t
蜜红豆（可选）少许

加入清香抹茶粉的抹茶冰淇淋，香醇又爽口，再点缀上蜜红豆，味道更是超级赞，初夏品尝真是清凉又解暑，抹茶爱好者不可以错过哦。

难度 ★ ★

| 烘焙时间：无须烘焙 |
| 参考分量：1 盒 |

制作

1. 蛋黄放入无水无油的容器中，加入细砂糖，用电动打蛋器高速搅打，直至提起打蛋头时蛋液呈缎带状缓慢垂落。

2. 淡奶油倒入另一容器中，筛入抹茶粉。

3. 用电动打蛋机低速搅打到 6 分发的状态（即打蛋头划过能留下痕迹，但花纹并不明显）。

4. 把抹茶奶油加入打发好的蛋黄中，用蛋抽搅拌均匀后，加入朗姆酒继续拌匀。

5. 倒入保鲜盒中，盖好盖子放入冰箱冷冻5小时以上。不需要拿出来重新搅拌，吃之前可以点缀上蜜红豆。

碎 碎 念

1. 抹茶粉请选择优质的进口产品。

2. 鸡蛋必须要选用新鲜优质的。

父 亲 节

每年6月的第3个星期日为父亲节，这是一个感恩父亲的节日，目前世界上有52个国家和地区在这一天过父亲节。相比母亲，大多数父亲更加深沉、沉默，他们不太习惯表达爱意，但会一直默默地为我们无私地奉献。在这个节日里让我们为父亲用心制作健康美味的甜点，将感谢与心意融入其中，用美食来传达满满的爱和祝福吧！

布列塔尼沙沙饼

超简配方白巧克力饼干

酸奶无油杯子蛋糕

芒果慕斯杯

全蛋海绵蛋糕

西瓜吐司

清新柠檬挞

配料

中筋面粉 100g
泡打粉 1t（5ml）
黄油（室温）75g
砂糖 58g
盐 1g
蛋黄（中等大小）2 个

布列塔尼沙沙饼

布列塔尼沙沙饼干属于法式酥饼，虽然只用到几种最基础的原料，却出乎意料的好味，黄油与蛋黄香气搭配得非常妙，咬一口酥酥又沙沙，难怪名字会叫沙沙饼！

难度★★★

烘焙时间：烤箱中层，160℃，上下火，约 15 分钟
参考分量：12 块

制作

1. 中筋面粉和泡打粉混合过筛备用。室温软化的黄油加砂糖、盐打发。

2. 分 4 次加入已经打散的蛋黄（室温），打发至蓬松。

3. 加入筛好的粉类，轻轻翻拌均匀，搓成粗长条，用保鲜膜包好放到木质方形饼干模具内，压实，放冰箱冷冻至少 4 小时后取出。

4. 略微回温后切成 1cm 左右厚片，摆放时需预留出足够间隙。放入 160℃上下火预热的烤箱中层，烤约 15 分钟，看到表面略有裂纹后即可关火，待放凉后密封保存。

碎 碎 念

1. 黄油要打发到轻盈蓬松的状态，这样饼干才足够酥脆。

2. 饼干摆到烤盘时要预留约 2cm 的间隙以防粘连，因为这款饼干烤制过程会膨胀很多。

3. 饼干底部有一些上色时即可出炉，不需要烤到表面上色。

超简配方白巧克力饼干

配料

白巧克力 100g
鸡蛋（室温）1 个
低筋面粉 130g

这款超简配方的白巧克力饼干，只需要白巧克力、鸡蛋、低筋面粉三种原料，不需添加黄油，步骤十分简单，成品奶香十足、味道很赞哦！

难度★★

> **烘焙时间：烤箱中层，上下火，170℃，约 15 分钟**
> **参考分量：约 25 块**

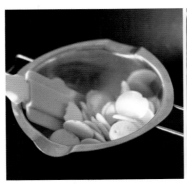  

制作

1. 白巧克力称重后放入小锅内。

2. 大锅内放热水，小火加热，将小锅里的白巧克力隔热水用刮刀搅拌至融化。

3. 将融化的巧克力倒入打蛋盆中，分 2 次加入打散的全蛋液，搅拌均匀。

4. 加入过筛的低筋面粉，切拌均匀，放入冰箱冷藏 30 分钟。

5. 取出后揉成长条，放入保鲜袋，在冰箱冷冻室里彻底冻硬（约需 2 小时）。

6. 用刀切成 0.8cm 的厚片，每片中间留有空隙，摆入烤盘。

7. 170℃上下火预热烤箱，将饼干放入烤箱中层烤 15 分钟，待表面金黄即可取出，放凉并密封保存。

碎碎念

1. 每款面粉吸水量不同，如果成品面团太湿，可适当添加少许低筋面粉，切拌均匀即可。

2. 巧克力要选用可可脂白巧克力，不要选用代可可脂巧克力。如果选用甜度不够的巧克力，可加少许糖粉，增加甜度。

配料

鸡蛋 3 个
砂糖 45g
低筋面粉 85g
原味酸奶 65g

酸奶无油杯子蛋糕

完全不需加油、低糖又健康的酸奶纸杯蛋糕，味道非常松软可口，尤其适合做给注重健康养生的老爸品尝。

难度★★★

> **烘焙时间：烤箱中层，170℃，上下火，约 20 分钟**
> **参考分量：约 8 杯**

制作

1. 全蛋磕入无油无水的干净打蛋盆中，底部垫 60℃左右热水盆保持温度。

2. 分三次加砂糖，用电动打蛋器打发至蓬松且蛋液滴落后痕迹不会立即消失的状态。

3. 一次性筛入低筋面粉，用刮刀切拌均匀，加入原味酸奶翻拌均匀。

4. 倒入纸杯中至 8 分满。

5. 放入上下火 170℃预热的烤箱中层，烤约 20 分钟，出炉即可趁热享用。

碎碎念
1. 切拌时要注意手法，轻柔翻拌，尽量不消泡。
2. 烤好的杯子蛋糕外观金黄，表面膨胀，轻拍无明显沙沙声。

配料

芒果果肉 250g
淡奶油 100g
手指饼干 4 根
牛奶 100g
吉利丁片 1 片（5g）
细砂糖 25g
时令水果 适量

芒果慕斯杯

慕斯的英文是 Mousse，通常是加入奶油与吉利丁来造成浓稠冻状的效果。据传慕斯蛋糕最早出现在巴黎，相比其他蛋糕，慕斯的制作较为简单，无需烘焙信手拈来，但是味道却不输其他甜点。这款芒果慕斯加入大颗芒果果肉，果香浓郁，快来亲手制作给老爸品尝吧！

烘焙难度 ★ ★ ★

> **烘焙时间： 无须烘焙，制作时间约 30 分钟**
> **参考分量：2 杯**

制作

1. 芒果用刀划开，去核取果肉，预留 100g 果肉切丁，留待表面装饰。

2. 将另外 150g 芒果肉用料理机打成果泥。

3. 将吉利丁片放入冰水里浸泡，然后将泡软的吉利丁片放入牛奶中，小火融化后关火放凉。

4. 淡奶油打发至有明显花纹状态。

5. 将芒果泥、牛奶液与打发好的淡奶油翻拌均匀。

6. 杯底放入一个手指饼干，倒入一半慕斯馅后再放入 1 个手指饼干，然后继续倒入另外一半慕斯馅料。

7. 放入冰箱冷藏 4 小时。待凝固后，表面装饰芒果和其他时令水果，即可享用。

碎 碎 念

1. 手指饼干制作方法见书中第 37 页。手指饼干也可购买成品或者用海绵蛋糕或戚风蛋糕片替换。

2. 冷藏 4 小时不仅可以使慕斯凝固，并且能够令手指饼干充分吸湿，味道更赞，所以尽量不要缩短冷藏的时间。

配料

鸡蛋 3 个
黄油 30g
细砂糖 50g
蜂蜜 1T（15ml）
牛奶 1T（15ml）
低筋面粉 85g

模具防粘用料

高筋面粉 少许
黄油（液态）少许

全蛋海绵蛋糕

用全蛋打发法制作最传统的海绵蛋糕，蛋糕表面金黄，弹性极佳，组织细腻，口感绵密香甜，仔细品尝能够唤起记忆里儿时的味道。

难度★★★★

> **烘焙时间：烤箱倒数第二层，上下火，160℃，约45分钟**
> **参考分量：6寸蛋糕圆模1个**

碎碎念

1. 制作海绵蛋糕时为防止消泡，需要快速制作，所以制作之前一定把原料称重并准备齐全，烤箱提前预热好。

2. 喜欢吃甜的可以适当增加 10g 糖量。

3. 海绵蛋糕表面容易出现烤糊或者蛋糕塌陷、内部不熟等问题，大多是因为温度过高，建议采用"低温、慢烤"，适当降低温度，延长烤制时间，来避免上述问题。

4. 蛋糕糊里加入黄油时，直接加入会比较难拌均匀，而且易消泡，先用一点蛋糕糊和融化的黄油拌一下，然后再倒入蛋糕糊中翻拌，就比较不容易消泡。

制作

1. 6 寸圆形活底蛋糕模具刷黄油，薄薄地筛一层高筋面粉（也可以选择铺油纸）。黄油隔水加热，搅拌融化至液态。鸡蛋放入无油无水的干净打蛋盆中。

2. 蛋液中加入细砂糖和蜂蜜，把打蛋盆坐入 60℃ 的热水的容器中，用电动打蛋器高速打发蛋液，直至蛋液温度达到 40℃ 左右时，把打蛋盆从热水容器中移出。

3. 继续高速打发蛋液，待提起打蛋头，滴落的蛋液能画一个"の"字并且不会轻易消失的程度。改低速搅打 2~3 分钟（这步骤是整理气泡阶段，可以把高速打发时形成的比较大的气泡整理成均匀细腻的气泡组织）。在这个过程中，打蛋器不要移动，逆时针转动打蛋盆，让所有的蛋糊都被整理到即可。

4. 加入牛奶，改用蛋抽划圈，搅拌均匀。

5. 分两次筛入低筋面粉，每次都要用蛋抽搅拌均匀至无干粉状态。

6. 取 2T 蛋糊与融化的黄油拌匀，再将混合好的黄油糊倒入盆中，用刮刀贴盆底彻底翻拌均匀。具体翻拌手法是以时钟为例，刮刀从 2 点钟的位置插入，贴住盆底一直切到 8 点钟的位置，然后贴着盆侧壁向 9 点钟的方向进行上翻，另一只手逆时针转动蛋盆，直到彻底翻拌均匀。

7. 把面糊倒入蛋糕模具中，将模具从 20cm 的高度自由落体垂直摔在料理台上，以此去除大的气泡，送入 160℃ 上下火预热的烤箱倒数第二层，烘烤约 45 分钟。烤完取出后，把模具从 20cm 的高度自由落体垂直摔在料理台上，震动几下，然后迅速倒扣在晾网上，放凉后脱模即可。

配料

高筋面粉 300g
水 140g
盐 3g
橄榄油 24g
奶粉 12g
砂糖 40g
酵母 4g
全蛋液 30g
抹茶粉 1t（5ml）
红曲粉 1/2t（2.5ml）
蔓越莓干 20g

西瓜吐司

每年的父亲节正赶上天气炎热的夏季，来做一个松软美味的西瓜吐司送给老爸品尝吧。吐司切片后看上去清凉又可口，视觉降温效果一级棒！

烘焙难度 ★ ★ ★ ★

> **烘焙时间：** 烤箱倒数第二层，170℃，上下火，约 **30** 分钟
> **参考分量：1** 只

制作

1. 将水、橄榄油、全蛋液、砂糖、盐分别称重后放入面包机内桶里。

2. 加入高筋面粉和奶粉，放入酵母，然后将内桶安装到面包机上。

3. 选择面包机的面团发酵功能，将面团揉至扩展阶段。

4. 取出面团分成三份，其中一个为总面团的二分之一，另外两个各四分之一。将大面团中加入红曲粉揉匀成粉红色面团，取一个四分之一的小面团加入抹茶粉揉匀成绿色面团，另外一个四分之一的小面团保持原色。

5. 揉好的三份面团分别装入保鲜袋，放到面包机内桶里继续发酵。待面团一次发酵完成后取出，分别擀成一样大小的长方形。在红曲面团上均匀撒上切碎的蔓越莓干做西瓜籽，压薄底边后卷起。

6. 将红曲面团放置在已经擀成长方形的原色面团上，卷好后捏紧，收口朝下放置。

7. 同样的做法，用抹茶面团将原色面团包裹起来，然后将面包坯放入吐司模具中。

8. 放入烤箱，启用烤箱发酵功能，烤箱底层放置热水一杯，进行二次发酵，发酵至八分满模取出。

9. 170℃上下火预热烤箱，将面包放入烤箱倒数第二层，烘焙约30分钟，待表皮均匀上色后即可关火。

碎碎念

1. 制作时如果感觉面团上色不明显，可以适当增加少许红曲粉或抹茶粉。

2. 二次发酵完成的状态是面团发酵约两倍大，手指轻按面团，所按处不会回弹，并且略有张力。

3. 面包发酵是否到位，要根据面团状态来判定而不能只看时间。

4. 关于面包发酵及扩展状态详解，请见书中第 204 页。

5. 趁面包还有余温时，用保鲜袋密封保存，这样面包不会变干变硬。

清新柠檬挞

配料

黄油（室温）60g
糖粉 30g
低筋粉 100g
鸡蛋（打散） 1/2 个
盐 1g

挞馅

砂糖 60g
黄油 100g
鸡蛋 2 个
柠檬 1 个

最爱柠檬类甜点。这道清新柠檬挞，酸甜清新的挞馅，搭上烤得金黄酥脆的挞皮，在品尝的刹那，带来无法言喻的美味体验，这是会瞬间令人胃口大开的美味甜点！

烘焙难度★★★

> **烘焙时间： 170℃，上下火，20~25 分钟**
> **参考分量： 3~4 只**

制作

1. 将糖粉与室温软化后的黄油搅拌均匀，并打发至蓬松。

2. 分 2 次加入打散的全蛋液，搅拌均匀，筛入混合好的低筋面粉和盐，用刮刀迅速切拌成团，用保鲜膜包好，放入冰箱冷藏 1 小时。

3. 面团从冰箱取出，擀开后与模具贴合着覆盖在模具上方，去除多余挞皮，挞皮上用叉子戳洞。

4. 挞皮覆盖上红小豆（或使用其他豆类，也可以购买烘焙专用派石，目的是压住挞皮，防止鼓包）。

5. 放入 170℃ 上下火预热的烤箱中层，烤 20~25 分钟，取出放凉，去除红豆。

6. 用柠檬刨刀取下柠檬的黄色表层皮屑，将柠檬皮屑与砂糖混合。

7. 倒入全部打散的蛋液，用蛋抽搅拌均匀。把 1 个柠檬对切后榨汁，倒入蛋液并搅拌均匀。

8. 隔水加热，并不断搅拌至浓稠状后，用筛网过筛去除杂质。

9. 加入室温软化的黄油，搅拌至顺滑，放凉后放入冰箱冷藏约 30 分钟。

10. 装入裱花袋中，挤到已经放凉的挞皮里，用柠檬片与薄荷叶装饰即可。

碎碎念

豆类要记得清洗干净并且控干水分，如果经常做挞类甜点，也可网购专业的烘焙派石。

七夕

七夕节，又叫七巧节，是中国的传统节日，时间是农历七月初七，这天被称作"中国的情人节"。从汉代起，七夕的庆祝已经很普遍了，但传统上庆祝七夕的内容与情侣约会之类的活动无关，只是乞巧、许愿的节日。后来由于牛郎织女在七夕鹊桥相会的传说赋予了七夕节以情人节的含义。每个与爱有关的日子都适合分享甜蜜，在七夕，教大家制作一些以巧克力、花卉为主题的浪漫系创意甜点。

心形涂鸦饼干

双色花朵曲奇

抹茶玛德琳

多肉盆栽木糠杯

非油炸巧克力装饰甜甜圈

彩色巧克力

巧克力甘那许马卡龙

心形涂鸦饼干

配料

黄油（室温）75g
砂糖 35g
低筋面粉 113g
全蛋液（室温）12g
天然香草精 3 滴

仔细看着饼干上浮现的甜蜜话语，收到的人会有多么惊喜，有趣的七夕节礼物做起来吧！

难度 ★ ★

> **烘焙时间：烤箱中层，160 度，上下火，烤约 10 分钟**
> **参考分量：约 15 片**

制作

1. 室温软化的黄油加入香草精、砂糖，用电动打蛋器搅打均匀。分 2 次加入全蛋液，每次搅拌均匀后再加入下一次。

2. 加入过筛的低筋面粉，用刮刀切拌成均匀的面团。

3. 装入保鲜袋，压成薄片后放冰箱冷藏静置 30 分钟。取出后擀成约 0.5cm 厚度的面皮。

4. 把印章随意压在面皮上滚出花纹，用心型或其他可爱模具刻出形状，放入 160℃上下火预热好烤箱中层，烤 10 分钟左右，待表面金黄即可出炉。

碎碎念

1. 这款饼干比较薄，所以要格外注意火候，最后 3 分钟最好在烤箱前看着，防止烤糊。

2. 印章可以网购，使用之前必须要用开水清洗、烫过消毒。如果没有印章，也可以用牙签戳出字母的印记。

3. 印上其他字迹可以用在不同的节日，不必拘泥。

4. 印章尽量印深一些，这样烤出来花纹才会比较清晰。

配料

低筋面粉 100g
糖粉 35g
淡奶油（室温）45g
黄油（室温）50g
可可粉 1.5t（7.5ml）

双色花朵曲奇

双色花朵曲奇，每一口都能品尝到奶香与可可香气同时充盈口中，味道非常棒！漂亮的花朵造型也很适合用来表达心意呢。

难度★★★

烘焙时间：烤箱中层，上下火，190℃，约 15 分钟
参考分量：约 15 片

制作

1. 黄油室温软化，加入糖粉打发至蓬松。

2. 分 3 次加入淡奶油，每次都要搅打均匀后再加入下一次。

3. 筛入低筋面粉并用刮刀拌匀。

4. 称取出一半重量的面糊，筛入可可粉，切拌均匀。

5. 把双色曲奇面糊分别装入一次性裱花袋，并把裱花袋剪好口。

6. 两份面糊同时放入已经装好中号六齿裱花嘴的布制裱花袋中，以垂直于烤盘的角度挤出花朵。

7. 挤好的曲奇放入已经 190℃上下火预热的烤箱中层，烤制约 15 分钟。当看到原味曲奇那一部分的表面呈金黄色即可关火取出，冷却后密封保存。

碎碎念

挤曲奇比较用力，为防止挤破裱花袋，需要用布质裱花袋。可以把一次性裱花袋套在布袋里操作，即保证不会挤破，也不会弄脏外层的布质裱花袋，比较方便。

配料

黄油 60g
抹茶粉 1T（15ml）
砂糖 50g
低筋面粉 65g
牛奶 12g
鸡蛋（室温）1 个
泡打粉 1/2t（2.5ml）

抹茶玛德琳

抹茶类小甜点最适合和爱人分享啦！看着窗外翠绿的树木，吃着颜色同样清新的抹茶玛德琳，喝一杯香滑奶茶，顿时觉得心情美妙、澄澈无忧……

难度★★★

烘焙时间：烤箱中层，上下火 170℃，烤 15~20 分钟
参考分量：6 只

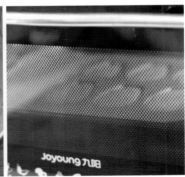

制作

1. 鸡蛋放入容器中，打散后加入砂糖，用硅胶刮刀搅拌均匀，加入牛奶搅匀。

2. 将低筋面粉、抹茶粉、泡打粉混合后筛入步骤 1 的混合液内。

3. 用刮刀均匀切拌成光滑的面糊。黄油切丁，隔水加热溶化成液体，将温热的黄油慢慢倒入面糊中，搅拌至黄油和面糊完全融合，呈流动状。

4. 面糊放入冰箱冷藏 40 分钟（此时面糊会凝固）。将面糊取出，在室温下回温至重新具有流动性以后，装入裱花袋，挤入刷了色拉油并筛了少许高筋面粉以防粘的玛德琳蛋糕模具内。

5. 放入上下火 170℃预热的烤箱中层，烤 15~20 分钟，待玛德琳蛋糕膨胀出小肚子即可出炉。

碎碎念

1. 抹茶类甜点烤制温度不宜过高，否则颜色会变黄不漂亮。可以适度降低温度，延长烤制时间。
2. 用金属类模具烤制，要注意防粘和容易烤糊的问题，可以在烤箱最下层加入一个烤盘，降低温度。

配料

淡奶油 120g
奥利奥 50g
可可粉 1t (5ml)
炼乳 15g
朗姆酒 1t (5ml)
塑胶多肉植物 2 支（网络有售），
　或新鲜薄荷叶 2 支

多肉盆栽木糠杯

木糠杯，是澳门有名的甜品，据说是从前澳门总督很喜欢的甜品，所以也被叫做总督杯。木糠杯的做法很多，这款多肉盆栽木糠杯的特点在于好吃又好玩。想象一下，把一盆植物突然端上桌给正在期待甜品的爱人品尝是多么有趣哦，来看一下它的制作方法吧！

难度★★

| 烘焙时间：**无须烘焙**
参考分量：**2 杯** |

制作

1. 塑胶植物清洗干净，用锡纸包住要插到杯子里的根部。

2. 淡奶油倒入容器，隔冰水打发至六分发后加入炼乳，筛入可可粉，倒入朗姆酒，打发至出现清晰花纹状态，装入裱花袋。

3. 奥利奥饼干（无须去中间的夹心）用料理机粉碎成末，或者放入保鲜袋用擀面杖擀压成粉末状。

4. 取喜欢的杯子，用勺子往里面加一层饼干末，压实。

5. 用裱花袋挤一层淡奶油，用抹刀或勺子略微抹平。

6. 再把一层饼干末填入杯里压实，一层一层，最后杯子表面撒一层饼干末。

7. 插入包好锡纸的多肉植物就可以了。

碎 碎 念

1. 建议至少冷藏 4 小时，待饼干与奶油逐渐融合后品尝，味道更佳。

2. 如果没有塑胶多肉植物，可以用薄荷或其他绿色植物代替，也很漂亮。

3. 选用其他酥性饼干亦可。

配料

高筋面粉 150g
水 60g
全蛋液 20g
砂糖 25g
盐 1g
酵母 3g
黄油 10g

刷面包表面
全蛋液 少许

装饰甜甜圈表面
粉色巧克力 15g
绿色巧克力 15g
彩色糖粒 少许

非油炸巧克力装饰甜甜圈

甜甜圈真是听到名字就会感觉甜蜜又亲切的面包，英文是 Doughnut。传统的甜甜圈是油炸面包，这次制作的烤箱版甜甜圈，相比油炸的甜甜圈要更加健康，随意装饰上彩色巧克力和糖粒后会瞬间变得美好。

难度 ★ ★ ★

烘焙时间：烤箱中层，上下火，170℃，约 20 分钟
参考分量：约 6 只

碎碎念

1. 二次发酵完成的状态是面团发酵约两倍大，手指轻按面团，所按处不会回弹，并且略有张力。
2. 面包发酵是否到位，要根据面团状态来判定而不能只看时间。
3. 关于面包发酵及扩展状态详解，请见书中第204页。
4. 趁面包有余温时，用保鲜袋密封保存，这样面包不会变干变硬。

制作

1. 将黄油之外的其他原料称重后放入面包机，按下面团发酵功能，揉约 10 分钟，揉成光滑的面团，加入切成小丁的黄油继续揉至扩展阶段。面团在面包机内发酵至约两倍大，用手蘸面粉在面团上戳个洞，洞口不回缩、不塌陷，即发酵完成，可取出面团。

2. 将面团排气，擀成约 1cm 厚的面皮。

3. 用甜甜圈模具压成形（没有甜甜圈模就找直径 8cm 杯子和底部直径 2cm 的裱花嘴压出圈形状）。

4. 把压好的甜甜圈放入烤箱中层，使用烤箱发酵功能，在烤箱底层放杯热水保持湿度，进行二次发酵。

5. 二次发酵完成后，在甜甜圈表面刷全蛋液。

6. 放入上下火 170℃ 预热的烤箱中层，烤约 20 分钟至表面金黄，即可出炉放凉。

7. 彩色巧克力隔水融化后装入裱花袋，裱花袋剪小口，来回随意在甜甜圈上拉线，趁热撒上彩色糖粒装饰即可。

配料

白色可可脂巧克力 100g

色素
红色 少许
绿色 少许

彩色巧克力

七夕情人节必备的巧克力，做法非常简单。不需要烤箱，只要有模具和巧克力就可以了。两个人一起制作一份甜蜜的巧克力度过节日，是多么有趣的主意！

难度★★

烘焙时间：无须烘焙，制作时间约 45 分钟
参考分量：10 块

制作

1. 准备好要做巧克力的硅胶模具和白色巧克力币。

2. 白巧克力币放到锅里，隔热水小火加热至融化成液体。分成两份分别倒进两个碗里，分别用牙签蘸色素慢慢调出想要的粉色和绿色。

3. 将彩色巧克力液倒入裱花袋，裱花袋剪小口，把巧克力挤到硅胶模具中。

4. 稍微放凉后放到冰箱冷藏，约 1 小时凝固后倒扣脱模。

5. 取出，用纸托装好即可。

㉿ ㉿ ㉿

1. 建议使用硅胶巧克力模具，会比较方便脱模。

2. 建议选择可可脂巧克力，而不要选用代可可脂的巧克力，否则不利于健康。

3. 巧克力融化过程中切忌沾到水，所以容器一定要干净并且无水无油。

巧克力甘那许马卡龙

配料

蛋白 30g
杏仁粉 30g
糖粉 45g
细砂糖 30g

调色用料

红色素 少许

巧克力甘那许夹馅

淡奶油 70g
黑巧克力 70g

被称为"少女酥胸"的马卡龙，其实饼身只需要三种材料：蛋白、糖和杏仁粉，然而搭配不同的内馅就可以衍生出千变万化的口味。这款马卡龙选用了巧克力甘那许的经典配方，用微苦的巧克力来平衡饼皮的甜度，口感华丽，充满惊喜。虽说马卡龙是公认比较容易失手的甜点，但是只要有信心，认真按照步骤制作、练习，必定能够制作成功，收获满满的成就感！

难度 ★ ★ ★ ★

> **烘焙时间：上下火，170℃，中层，烤 10 分钟，出裙边后转 110℃烤约 15 分钟**
> **参考分量：约 10 个**

碎碎念

1. 蛋白一定要打发至干性发泡。

2. 马卡龙入烤箱开烤前要做到不粘手、表面结皮，这步很重要，必需做到。

3. 烤马卡龙最重要的是要摸准自家烤箱的温度。

4. 过筛杏仁粉和糖粉时，如果不好过筛，可以用木勺背碾压混合粉末通过筛网。

5. 马卡龙做好后至少冷藏 2 小时以上，待马卡龙壳吸收了夹馅的湿气后，皮馅完美融合，口味更佳。

制作

1. 杏仁粉和糖粉一起放入料理机打磨 2 分钟。

2. 取出，筛入打蛋盆中。

3. 蛋白加入干净的打蛋盆中，用打蛋器中速搅拌，并分三次把砂糖加入蛋白中，打发至湿性发泡。

4. 加入 1~2 滴红色素调出自己喜欢的粉色，继续打发至干性发泡。

5. 打发好的蛋白分 3 次加入已过筛混匀的杏仁粉和糖粉中，轻轻切拌至均匀。混合好的马卡龙面糊，提起刮刀以后蛋白糊会呈缎带状往下缓慢飘落。将蛋白糊放入裱花袋，裱花袋剪小口，把蛋白糊挤在马卡龙专用硅胶垫上。

6. 将马卡龙放在阴凉通风处风干表皮，待到用手指在马卡龙表面轻触不黏手，并且表面结皮形成一层壳（如果粘手，则继续等待直至表面结皮）。

7. 上下火 170℃预热好烤箱后，将马卡龙放入烤箱中层烤 10 分钟，观察到出裙边后取一只烤盘放到烤箱最上层，隔绝顶部强火（防止表面烤深后色泽发暗）转 110℃再烤 15 分钟左右。出烤箱放凉后从硅胶垫上取下来。

8. 巧克力掰碎后和淡奶油 1:1 隔热水加热融化，搅拌冷却后，冷藏约 1 小时待接近凝固状即成甘那许夹馅，放入裱花袋中，裱花袋剪小口。

9. 将甘那许夹馅挤到其中一片马卡龙上，用另外一片马卡龙盖上即可。

中秋节

每年农历八月十五日，是传统的中秋佳节。此时正是一年秋季的中期，所以被称为中秋。中秋节是中国人非常注重的传统节日，是与家人赏月亮、吃月饼、欢聚一堂的美好日子，所以中秋又称"团圆节"。适合中秋佳节的甜点最不可或缺的就是月饼，另外也会为大家介绍一些适合秋季的其他甜点。

配料

玉米油 55g
细砂糖 45g
全蛋液 30g
低筋面粉 130g
杏仁粉 15g
小苏打 1/4t（1.25ml）

花色杏仁桃酥

虽然一年只过一次中秋节，月饼模具可不需要闲置，充分利用起来吧！例如，用月饼模具制作一款花色杏仁桃酥，这款桃酥原料健康，制作过程也非常简单。

难度 ★ ★

> **烘焙时间：烤箱中层，160℃，上下火，15 分钟**
> **参考分量：约 15 片**

制作

1. 玉米油加入细砂糖，用蛋抽搅拌均匀。分两次加入全蛋液，搅拌均匀，再把低筋面粉、杏仁粉、小苏打混合筛入蛋油糊中。

2. 刮刀切拌均匀后，用手揉成光滑均匀的面团，放入冰箱冷藏 30 分钟。

3. 案板筛少许面粉，将面团取出，擀面杖轻轻擀压成厚度约 0.6cm 的薄片，用月饼模或饼干模压制成型。

4. 将饼干片放置在铺有烘焙纸的烤盘上，稍微空出间距，放入已经预热好的烤箱中层，160℃烤约 15 分钟，待表层上色后即可取出。

碎碎念

1. 食用油也可选择无色无味的色拉油。
2. 如无杏仁粉，可改为加入同等分量的低筋面粉。

配料

中筋面粉 100g
熟腰果 35g
鸡蛋（室温）1 个
黄油（室温）40g
黄糖 40g
速溶纯咖啡 1.8g
热水 1t（5ml）
盐 1g
泡打粉 1/4t（1.25ml）

咖啡腰果酥

腰果与咖啡的经典搭配，腰果烤到正正好的酥脆感真是妙不可言，这是一款能量满当当的美味甜点，喜欢坚果的一定不可以错过呦。

难度 ★ ★

烘焙时间：烤箱中层，上下火，180℃，约 15 分钟
参考分量：12 块

制作

1. 速溶纯咖啡用热水冲好并搅拌均匀，放凉备用。黄油室温软化，用电动打蛋器打发至颜色发浅、体积膨大。

2. 鸡蛋打散后，分 3 次加入黄油中，每次都要打发均匀后再加入下一次，直至黄油糊打发蓬松。

3. 一次性倒入咖啡液、黄糖和盐，继续打发。将中筋面粉和泡打粉混合均匀，筛入黄油糊中并用刮刀拌匀。

4. 加入熟腰果，用刮刀切拌成面团，取保鲜膜把面团包好放入木制饼干模具内压实，然后放入冰箱冷冻 2 小时，定形后取出。

5. 将已定型的面团用刀切 0.8cm 厚片，放入 180℃上下火预热的烤箱中层，烤约 15 分钟至表面金黄，待饼干冷却后密封保存。

碎 碎 念

1. 如果使用生的腰果，需要烤箱提前烘熟。
2. 如果没有腰果，也可以改用大杏仁。
3. 如果没有木质饼干模具，也可以把面团滚成圆柱，切片制作出圆形饼干。

配料

黄油（室温）60g
细砂糖 20g
鸡蛋 1 个
淡奶油 30g
低筋面粉 120g
泡打粉 1t（5ml）
盐 1g

焦糖酱用料
细砂糖 70g
冷水 1T（15ml）
热水 2T（30ml）
棉花糖 30g
棉花糖（表面装饰用）
　　适量

焦香棉花糖纸杯蛋糕

用空气炸锅也可以制作杯子蛋糕呢！这款焦香棉花糖杯子蛋糕趁热品尝，烤得脆脆的棉花糖和焦糖香气混合，口感无敌美味哦！

难度★★★

> **烘焙时间：空气炸锅，170℃，上下火，20 分钟**
> **参考分量：6 杯**

（碎）（碎）（念）

1. 筛入面粉和淡奶油，切拌均匀。切拌时要注意不要过度，否则会导致面糊膨胀性变差。
2. 如果没有空气炸锅，改用烤箱 180℃烤 15 分钟后，放上棉花糖继续烤 5 分钟即可。

制作

1. 焦糖酱用料中的细砂糖称重后倒入厚底深锅中，加入 1 大匙冷水。

2. 中火加热，当糖浆开始起泡并且变色后轻轻摇晃锅子，直至整体变为均匀的焦糖色后关火。

3. 加入 2 大匙热水，用木勺顺时针搅匀，量取 50ml 隔热水保持微温融化状态。

4. 室温软化的黄油加入细砂糖和盐，用电动打蛋器打发，分次加入打散的全蛋液后继续搅打，每次都要搅拌到完全吸收再加入下一次。

5. 搅拌好后倒入焦糖酱，充分搅拌至完全混合均匀。

6. 把混合过筛的粉类和淡奶油分 2~3 次交替拌入，每次加入粉类都要用刮刀快速擦底翻拌，直至看不到面粉的状态。

7. 棉花糖剪成 1cm 小粒拌入面糊，用刮刀切拌混合。

8. 把面糊装入蛋糕纸模，放入空气炸锅内桶，空气炸锅 170℃预热 5 分钟，烤 15 分钟。

9. 抽出炸锅内桶，在每个蛋糕上放 2~3 小粒棉花糖作装饰，送回炸锅继续烘烤 5 分钟，待棉花糖融化并呈金黄色即可。

意大利乳酪棒

意大利乳酪棒热量不高，口感香脆、略带咸味。不需要加糖，所以吃起来无负担、更加健康。

难度★★★

配料

高筋粉 140g
干酵母 2g
芝士粉 8g
盐 2g
水 85g
橄榄油 12g

表面装饰用料
蛋黄液 少许
芝士粉 少许

> **烘焙时间：烤箱中层，180℃，上下火，15 分钟**
> **参考分量：8 根**

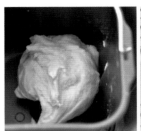   

碎碎念

1. 给面团整形时尽量少用面粉，会影响粘合，以致面包表面出现裂缝。

2. 二次发酵完成的状态是面团发酵约两倍大，手指轻按面团，所按处不会回弹，并且略有张力。

3. 面包发酵是否到位，要根据面团状态来判定而不能只看时间。

4. 关于面包发酵及扩展状态详解，请见书中第204 页。

制作

1. 将除橄榄油之外的所有材料称重后放入面包机内桶，装入面包机内。

2. 按下面团发酵功能，揉约 10 分钟成光滑的面团，加入橄榄油继续揉至扩展阶段，在面包机内发酵至约两倍大，用手蘸面粉在面团上戳洞，洞口不回缩、不塌陷，即完成发酵。

3. 发酵完成后把面团取出排气，然后将面团称重并平均分成 8 等份，滚圆后盖上湿纱布或保鲜膜，松弛 15 分钟，将松弛好的面团擀成椭圆形面皮。

4. 将擀好的面皮横向放在案板上，由外向内卷成长条，并搓长至 22cm 左右。

5. 每隔一段用手掌边缘来回压扁、搓圆，约分成 9 节，小心不要压断，整根完成大约 25cm。

6. 将搓好的芝士棒整齐地摆入烤盘中，注意要留有距离，放到烤箱内使用烤箱发酵功能，烤箱底层放一杯热水进行二次发酵。发酵完成后表面刷上蛋黄液，筛上芝士粉。

7. 放入上下火 180℃预热的烤箱中层，烤约 15 分钟，待表面烤至金黄即可取出。

在所有应该得到，
已经拥有的岁月里，
而且不管是悲伤的事，
或是快乐的事，
全部都是真实、
平等地灌溉着我。

配料

中筋面粉 75g
奶粉 5g
转化糖浆 57g
花生油 19g
枧水 1g

馅料

咸蛋黄 5 个
豆沙馅 约 300g

表面刷液

蛋黄液 少许

蛋黄豆沙月饼

中秋佳节，亲手制作一份香甜的蛋黄豆沙月饼送给亲朋好友品尝，收到的人一定会感受到你的满满诚意呢！

难度★★★★

> 烘焙时间：烤箱中层，200 度，上下火，烤约 20 分钟
> 参考分量：50g 月饼 10 只

制作

1. 在转化糖浆里滴入枧水，混合搅拌均匀。

2. 加入花生油，搅拌均匀。

3. 倒入混合过筛后的中筋面粉和奶粉。

4. 揉成面团，包上保鲜膜放置 45 分钟。

5. 准备馅料：10 颗月饼馅料，每颗月饼馅料要将半粒咸蛋黄与豆沙馅料一起称重达 35g。将称好的豆沙馅料分别搓圆、压扁，放上咸蛋黄，包好后搓圆备用。

6. 松弛好的面团分成每个 15g 的小面团，分别揉圆，压扁。

7. 放上豆沙馅料，将面团放入左手虎口处，用右手大拇指慢慢将皮推拢，包裹住豆沙馅后，收口搓圆。

8. 月饼模具内撒少许面粉防粘，把月饼面团放入模具内，用力往下压弹簧手柄，压实之后，抬起模具，花纹清晰的月饼就做好了。

9. 把月饼坯刷上清水，入烤箱 200℃烤 5 分钟，等月饼花纹定型后，从烤箱取出，刷上蛋黄液。

10. 再放入烤箱，继续烤约 15 分钟，待表面金黄，即可出炉。

碎碎念

1. 因为是制作 50g 的小月饼，所以每只用了半个蛋黄。如果做大月饼，可以用整只蛋黄。

2. 刷蛋液尽量用细毛刷。刷的时候不要太厚，薄薄地刷上一层蛋黄液，只刷上面凸起的花纹，侧面不用刷。

3. 豆沙馅要尽量选干一些的，太湿了包的时候不好包，烤的时候也容易漏。

4. 把烤好的月饼密封，室温放 2 天，回油之后饼皮会变软比较油润，那时即可食用。

5. 所有月饼原材料均可网购，输入关键字即可找到。

配料

冰皮月饼粉 100g

水 105g

玉米油（或无色无味的
　色拉油）10g

玉米淀粉或熟糯米粉（作
　手粉，防粘）少许

色拉油（涂抹月饼
　模具，防粘）少许

抹茶粉（染色用）1t（5ml）

红色素（染色用）少许

豆沙馅料 约200g

彩色冰皮月饼

每年中秋临近时，商场里各种馅料的月饼琳琅满目。但是吃来吃去，总觉得太油腻，并且甜得过分，还是自家制作的月饼更合口味。这次用预配好的冰皮粉来制作色彩漂亮的彩色冰皮月饼，比起传统月饼要省事儿很多，味道也非常冰爽可口。

难度★★★

烘焙时间：无须烘焙，制作时间约 45 分钟
参考分量：6 只

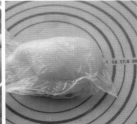

制作

1. 所有材料提前称重。使用成品重量为63g的月饼模具，按照皮与馅1:1的比例，每个豆沙馅料约31g并团成球。玉米油和水放入小锅内煮沸后倒入搅拌盆中。

2. 将冰皮月饼粉一次性倒入搅拌盆中，迅速用硅胶刮刀拌匀至无干粉。

3. 料理台上铺一层保鲜膜，将面团放到保鲜膜上，隔着保鲜膜将冰皮粉团揉光滑，揉好的冰皮粉团用保鲜膜包裹好，静置约20分钟放凉。

4. 台面上撒些玉米淀粉（或熟糯米粉），将冰皮面团平均分成两部分，分别加入抹茶粉和红色素揉成彩色面团，然后分割为32g的小面团。手上抹点儿手粉，然后取一个面团，用擀面杖擀成圆形。

5. 放上豆沙馅然后包起来口收紧，注意不要露出馅料。

6. 月饼花片和模具内部用毛刷涂抹薄薄的一层色拉油后扣紧花片，把冰皮面团光滑的那面朝上放入压模内，压下1、2秒然后脱模，做好之后放密封盒内入冰箱保存食用。

碎碎念

1. 压膜和花片要抹油防粘。

2. 如果感觉手粘的话要及时抹手粉。

3. 月饼馅料、冰皮粉、月饼模具在输入关键字都可以网购到。

4. 如果使用其他大小的月饼模具用饼皮与馅料1:1的比例调整克数操作即可。

5. 冰皮月饼最佳食用时间是两天之内，到第三天皮会变硬，口感会有影响所以最好现做现吃。

秋游

秋游最好的时节是每年的 10 月和 11 月，这个时候秋高气爽，大雁南飞，秋风吹过，金黄的银杏树叶漫天飞舞，火红的枫叶像片片红云，在这个硕果累累、五谷丰登的季节里，既可以尽情地观赏大自然的美景，也能享受各种果香丰富的自制甜点。

草莓果酱糖果饼干

萌萌熊脸饼干

香蕉巧克力麦芬

百香果戚风蛋糕

可可杏仁戚风杯子蛋糕

草莓果酱手撕包

蔓越莓白巧克力司康饼

配料

中筋面粉 140g
泡打粉 1/4t（1.25ml）
草莓果酱 25g
橄榄油 2T（30ml）
砂糖 25g
盐 1g
全蛋液 35g

刷饼干表面用料

全蛋液 少许

草莓果酱糖果饼干

用清新香甜的草莓果酱来制作出糖果形状的饼干，口感非常有韧劲，并且带有淡淡草莓香气。

难度 ★ ★

> **烘焙时间：烤箱中层，160℃，上下火，约 12 分钟**
> **参考分量：25 片**

制作

1. 中筋面粉、泡打粉混合过筛，砂糖和盐称重后倒入打蛋盆中，用刮刀混合均匀。

2. 加入橄榄油，用手将面粉搓成松散颗粒状，将打散的全蛋液分两次加入面粉中，用刮刀搅匀，加入果酱。

3. 用刮刀整理成团后，用手揉匀成面团，装入保鲜袋放冰箱冷藏 30 分钟。

4. 取出面团，用擀面杖擀成厚约 0.5cm 的薄片，取糖果饼干模具压出图案。

5. 用叉子在饼干表面戳孔，防止加热膨胀变形。饼干表面刷一层全蛋液，放入上下火 160℃ 预热的烤箱中层，烤约 12 分钟，待饼干表面金黄即可出炉。

碎碎念
换成其他口味的果酱应该也会美味，不妨一试。

配料

黄油（室温）75g
全蛋液（室温）30g
糖粉 50g
低筋面粉 150g

表面装饰用料
黑巧克力 10g
粉色巧克力 10g

萌萌熊脸饼干

脸蛋红红像苹果的熊脸饼干，看上去萌萌哒，非常适合秋游时和小朋友一起品尝。

难度★★★

烘焙时间：烤箱中层，上下火，180℃，15 分钟
参考分量：约 20 片

 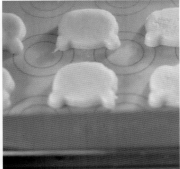 

制作

1. 黄油室温软化后加糖粉，用电动打蛋器打匀，分两次加入已经打散的全蛋液并用打蛋器搅打均匀（不需要打发，搅打至融合即可）。

2. 筛入低筋面粉后用刮刀切拌成面团，放入冰箱冷藏松弛 30 分钟。

3. 面团从冰箱取出后，在案板上用擀面杖轻轻擀压成厚度约为 0.7cm 的薄片，用熊猫头饼干模具压出熊脸的形状。

4. 180℃上下火预热烤箱，放入烤箱中层，烤约 15 分钟，至表面金黄取出。

5. 饼干放凉后用融化的黑巧克力画出眼睛、嘴巴，用粉红色巧克力画出红脸蛋即可。

碎碎念

1. 少量巧克力的融化办法，请见书中第 205 页。

2. 如果没有熊猫模具，发挥想象力做出其他动物的形状也不错哦。

配料

低筋面粉 100g
熟透的香蕉 1 根（带皮约 180g）
泡打粉 1t（5ml）
小苏打 1/4t（1.25ml）
可可粉 10g
全蛋液 30g
红糖 60g
玉米油 50ml
牛奶 65ml

香蕉巧克力麦芬

外表普普通通，口感却绵软香甜的香蕉巧克力麦芬，装饰上漂亮的蛋糕牌后变得很可爱呢！

难度★★★

烘焙时间：烤箱中层，上下火 160℃，25 分钟
参考分量：约 6 只

碎碎念

1. 玉米油也可以换成无色无味的其他色拉油。

2. 切拌好的面糊看上去虽然还有很多粗糙的疙瘩，但也不要继续再搅拌，否则影响口感的松软度。

3. 切拌好的面糊要尽快放入烤箱烘焙，所以不要忘记提前预热烤箱。

4. 香蕉要选用已经完全成熟的，口感才会更香甜。

制作

1. 香蕉剥掉皮后放入保鲜袋里，用擀面杖压成泥。

2. 全蛋液加入玉米油、牛奶、红糖，用蛋抽搅拌均匀，再倒入压好的香蕉泥，搅拌均匀。

3. 低筋面粉、小苏打、可可粉、泡打粉混合过筛后，加入步骤 2 的混合液内。

4. 用硅胶刮刀迅速切拌到粉类材料全部湿润后，装入纸杯至 8 分满。

5. 立刻放入上下火 160℃ 预热的烤箱中层，烘焙约 25 分钟即可出炉。插上漂亮的蛋糕插牌，装饰一下会更加好看。

百香果戚风蛋糕

戚风蛋糕是由英文 Chiffon Cake 而来，其口感非常松软。把果香馥郁酸甜的百香果与口感轻盈柔软的戚风蛋糕相融合，风味独特，值得一试。

难度 ★ ★ ★ ★

配料

鸡蛋 3 个（约 160g）
细砂糖 45g
玉米油 30g
低筋面粉 70g
百香果 1 个
牛奶 30g

㉒㉒㉒

1. 制作戚风蛋糕时打发蛋白是关键，需要选用新鲜鸡蛋并且做到蛋白与蛋黄分离干净，注意不要把蛋黄混入蛋白中。

2. 打发蛋白时，打蛋盆和打蛋头要做到无水无油、非常干净。打发好的蛋白糊应当提起时呈直立小三角形，达到干性发泡状态。

3. 混合蛋白蛋黄糊时采用切拌手法，不要打圈搅拌，防止消泡。

4. 蛋糕在烤制过程中会慢慢升高，然后再慢慢回缩，基本上回缩至平面且表面金黄就可以关火了。

5. 戚风蛋糕烤好后应马上倒扣在烤网上防止塌陷，放凉后可用脱模刀来辅助脱模。

6. 制作戚风蛋糕使用的油要选用玉米油或色拉油等无味油，不要使用口味重的油，否则会影响蛋糕味道。

7. 制作戚风蛋糕不要选用不粘模具，模具表面如果没有摩擦力会影响面糊膨胀攀爬。

烘焙时间：150℃上下火，烤箱倒数第二层， 45~50 分钟
参考分量：6 寸蛋糕圆模 1 个

制作

1. 百香果一切为二，用勺子挖出果肉，用滤网过滤掉百香果籽，取果汁(10g)。

2. 蛋黄与蛋白分离后分别放入干净无水无油的打蛋盆，蛋黄用打蛋器搅打至颜色变浅，加入牛奶、百香果汁、玉米油搅拌，筛入低筋面粉。

3. 用刮刀切拌均匀。

4. 蛋白用电动打蛋器打发至出现粗泡。

5. 分 3 次加入细砂糖，打发至干性发泡。

6. 取 1/3 蛋白糊加到蛋黄糊中，切拌均匀。

7. 再加入 1/3 蛋白糊切拌均匀，最后将混合好的面糊一起倒入蛋白盆中切拌均匀，此时蛋糕糊应该呈现蓬松、细腻、稠厚的状态。

8. 蛋糕糊倒入 6 寸戚风模中，端起模具在桌上轻震几下，震出气泡。

9. 放进 150℃上下火预热的烤箱倒数第二层，烤 45~50 分钟，出炉后立刻倒扣在烤网上，待完全凉透即可脱模。

配料

可可液用料
可可粉 10g
热开水 20g
砂糖 20g

蛋糕用料
鸡蛋 4 个
玉米油 45g
牛奶 50g
低筋面粉 60g
杏仁粉 15g
砂糖 40g
杏仁片 适量

可可杏仁戚风杯子蛋糕

添加了杏仁粉的可可戚风杯子蛋糕，味道醇香、细腻柔软，值得一试！

难度★★★

> **烘焙时间：烤箱中层，上下火，150℃，约 25 分钟**
> **参考分量：约 12 杯**

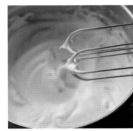  

碎碎念

1. 打发蛋白的打蛋盆和打蛋头都要无油无水。
2. 可可粉一定要用刚烧开的热开水冲而不是温水。
3. 打发好的蛋白在与面糊混合过程中，手法要轻快，否则蛋白容易消泡，烤出的蛋糕不松软而且厚度不够。
4. 翻拌好的可可面糊要马上放入烤箱，所以要记得提前预热烤箱，否则会因为消泡而影响面糊膨胀效果。

制作

1. 可可粉、砂糖与热开水混合，用木勺搅拌均匀至全部融化无颗粒，放凉备用。

2. 蛋白与蛋黄分离，分别放入干净无水无油的打蛋盆中。

3. 蛋黄与玉米油用蛋抽混合均匀后（不要搅拌过度，否则容易蛋、油分离），在蛋黄液中加入牛奶，搅拌均匀。

4. 低筋面粉与杏仁粉混合均匀后，过筛加入蛋黄糊中，并用蛋抽顺时针搅拌均匀。

5. 蛋白用电动打蛋器打发至呈粗泡状。

6. 分三次加入砂糖，打发至打蛋头拎起来的蛋白霜是尾部略弯的小尖角状（即湿性打发）。

7. 取 1/3 的蛋白与蛋黄糊混合，切拌均匀，然后把混合均匀的蛋糊一次性全部倒入剩余的蛋白内，用橡皮刮刀贴着右手边的盆内壁往下抄面糊，边转动打蛋盆边用刮刀从底往上对角翻拌。

8. 翻拌均匀的蛋糕糊取出三分之一，与步骤 1 的可可糊继续拌匀。

9. 然后将拌好的可可面糊倒入剩下三分之二的原味面糊中，拌匀。

10. 倒入纸杯（8 分满），表面撒适量杏仁片装饰，放入 150℃上下火预热的烤箱中层，烤约 25 分钟。出炉放凉后，放入密封盒或密封袋保存。

配料

面包材料
高筋面粉 200g
酵母 3g
细砂糖 20g
盐 1g
鸡蛋 25g
淡奶油 40g
牛奶 60g
黄油 15g

内馅料
草莓果酱 适量

刷面包表面用料
全蛋液 少许

草莓果酱手撕包

美味的草莓果酱手撕包很适合秋游时品尝，坐在草地上慢慢品尝自己亲手制作的美味果酱面包，心情多么愉快啊！

难度★★★

烘焙时间：上下火，中层，170℃，20~25 分钟
参考分量：8 寸蛋糕圆模 1 个

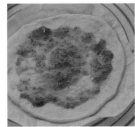

㊟㊟㊟

1. 草莓果酱亦可换成其他口味果酱，但要选用质地浓稠的为佳。
2. 二次发酵完成的状态是面团发酵约两倍大，手指轻按面团，所按处不会回弹，并且略有张力。
3. 面包发酵是否到位，要根据面团状态来判定而不能只看时间。
4. 关于面包发酵及扩展状态详解，请见书中第204 页。
5. 趁面包有余温时，用保鲜袋密封保存，这样面包不会变干变硬。

制作

1. 将除去黄油及外的所有面包材料称重，并放入面包机内桶。

2. 将内桶装入面包机内，按下面团发酵功能，揉约10 分钟，揉成光滑的面团。

3. 加入切成小丁的黄油，继续揉至扩展阶段。在面包机内发酵至约两倍大，当用手蘸面粉在面团上戳洞，洞口不回缩、不塌陷，即完成发酵，可取出面团。

4. 用擀面杖轻轻擀开面团，排气。

5. 把面团分成 4 等份，滚圆，盖上保鲜膜室温松弛 15 分钟。

6. 把 4 份面团都擀成直径 17cm 的圆形面片。

7. 取一片面片放到剪成直径18cm 的圆形油纸上，面片上均匀地抹上果酱（不要太多），边上要预留约 1cm 不要抹果酱。

8. 取一片面片叠到上面，再次抹上果酱，直到把 4 片面片都叠好为止。

9. 用抹了油的刀子将面片切成 4 等份，中间不要切断，然后在每份中间切一刀变 8 份，最后每份中间再次切开变 16 份。

10. 相邻的两份对扭一下，将所有相邻的面片对扭。完成后提起面包底下的油纸放入 8 寸蛋糕圆模，再放入烤箱，选用发酵功能并在烤箱底层放一杯热水保持湿度，进行二次发酵。

11. 二次发酵完成后，在面包表面刷上全蛋液，放入 170℃上下火预热的烤箱，烤 20~25 分钟，待表面烤呈金黄色后即可取出。

配料

低筋面粉 100g

细砂糖 10g

泡打粉 3g

黄油 20g

原味酸奶 55g

白巧克力 20g

蛋黄液（刷司康表层）

　　适量

蔓越莓干 20g

蔓越莓白巧克力司康饼

司康（Scone），是传统英式点心。它的名字是由苏格兰皇室加冕之地的一块具有长久历史并被称为司康之石（Stone of Scone）的石头而来的。这款蔓越莓白巧克力司康，采用酸甜蔓越莓搭配上奶香十足的白巧克力，好吃得停不了口。

难度★★★

烘焙时间：烤箱中层，上下火，180℃，约 25 分钟
参考分量：4 只

制作

1. 冰箱冷藏室取出黄油，切成 1cm×1cm 左右的方丁，白巧克力和蔓越莓干也分别切成 1cm×1cm 左右的方丁。

2. 低筋面粉、泡打粉混合过筛后，加入细砂糖翻拌均匀。黄油倒入面粉中，用手指对搓，把面粉与黄油混合均匀成细碎颗粒。

3. 把蔓越莓干加入步骤 2 中，用硅胶刮刀翻拌均匀。倒入 40g 酸奶，用刮刀切拌均匀。

4. 接着加入剩余 15g 酸奶，用相同方式切拌成面团。

5. 取出面团，用手压成面饼，用刮刀切拌并叠压，反复此操作 3 次（这步是为了产生司康的层次感，所以不要省略）。

6. 面团称重后分成 4 等份，然后用手压平，在面团中包入适量白巧克力，注意要捏紧，防止烤的时候漏出。

7. 放到铺有油纸或者垫有硅胶垫的烤盘上，刷全蛋液。

8. 放入 180℃上下火预热的烤箱中层，烤约 25 分钟，待表面金黄即可取出。

碎 碎 念

1. 白巧克力一定要包紧，否则会漏。

2. 司康趁热享用味道最棒。

万圣节

万圣节又叫诸圣节，时间是每年的 10 月 31 日，这个节日是西方的传统节日。在现代，万圣节已经逐渐演变成一个古灵精怪的节日，是热爱游戏的大、小朋友们惊魂狂欢的时刻。小孩子们发挥丰富的想象力，穿着各种万圣节主题的服装，戴上面具，手提南瓜灯挨家挨户收集糖果。因此这个节日里带有搞怪的元素甜点大受欢迎，本节除了教大家精灵古怪的另类甜点外，也有一些适合冬季补充能量的美味甜品。

砂糖黄油香草曲奇

恐怖女巫手指饼干

猫头鹰咖啡杯子蛋糕

红丝绒酪乳杯子蛋糕

芒果奶油比司吉

意式咖啡奶油布丁

配料

黄油（室温）70g
全蛋液（室温）20g
砂糖 30g
天然香草精 3 滴
低筋面粉 100g
盐 1g

饼干表面
粗砂糖 适量
蛋白 少许

砂糖黄油香草曲奇

这款砂糖黄油香草曲奇，属于不以颜值取胜的实力派，快手、方便、美味，具体做法如下。

难度★★

> **烘焙时间：烤箱中层，上下火，180℃，约 15 分钟**
> **参考分量：约 15 片**

制作

1. 黄油室温软化后加砂糖、盐、香草精，用电动打蛋器打发。

2. 分三次加入全蛋液，每次搅打均匀后再加下一次，打发至蓬松。

3. 筛入低筋面粉，用刮刀翻拌成面团，滚成直径4cm的圆柱体，用保鲜膜包好放入冰箱冷冻定型45分钟。

4. 取出后刷少许蛋白。

5. 均匀撒上粗砂糖，切成厚 0.7cm 左右圆片状，稍微回温后放入 180℃ 上下火预热的烤箱中层，烘焙约 15 分钟至表层颜色金黄，取出放凉后密封保存。

碎碎念
鸡蛋一定要提前从冰箱取出，恢复室温并且分次加入，否则容易油水分离。

恐怖女巫手指饼干

配料

黄油（室温）50g
炼乳 25g
糖粉 20g
酸奶 1t（5ml）
低筋面粉 120g
干红枣 4~6 颗或大杏
　　仁适量

每到万圣节，各种搞怪小点心就该做起来了。这款恐怖女巫手指饼干，做好后藏到大手帕下面，引伙伴们不经意翻到，然后就坐等欣赏对方惊恐万分的表情吧！

难度 ★ ★ ★

> **烘焙时间：烤箱中层，170℃，上下火，约 20 分钟**
> **参考分量：约 12 根**

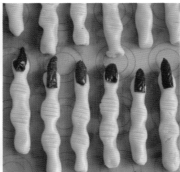

制作

1. 室温软化的黄油加糖粉用刮刀拌匀，加入炼乳、酸奶拌匀。

2. 筛入低筋面粉，切拌成面团（如果感觉比较干，可适当增加少许酸奶，揉好的面团应该是较柔软的），放入冰箱冷藏 30 分钟。

3. 取一小块面团（约 20g），揉成顶部不太尖锐的圆锥体，用手指搓出关节。

4. 用小刀刻划出关节纹路，用剪刀剪出大小合适的大枣做指甲，用毛刷蘸蛋液在大枣上刷一层，按入饼干内，这样造型会比较逼真。

5. 放入 170℃上下火预热好的烤箱中层，烤约 20 分钟，表层略上色后关火，放凉后密封保存。

碎碎念

1. 做手指的时候，为了做出粗细长短不同的手指，称取的面团克数可以略有差异，这样组成一只手效果会更逼真。
2. 手指甲也可以使用大杏仁制作。
3. 手指要捏得稍微细一点，关节做得要突出，因为烤制的过程中会膨胀。
4. 如欲效果更加逼真，可以将红红的草莓果酱不规则刷到手指四周营造气氛。

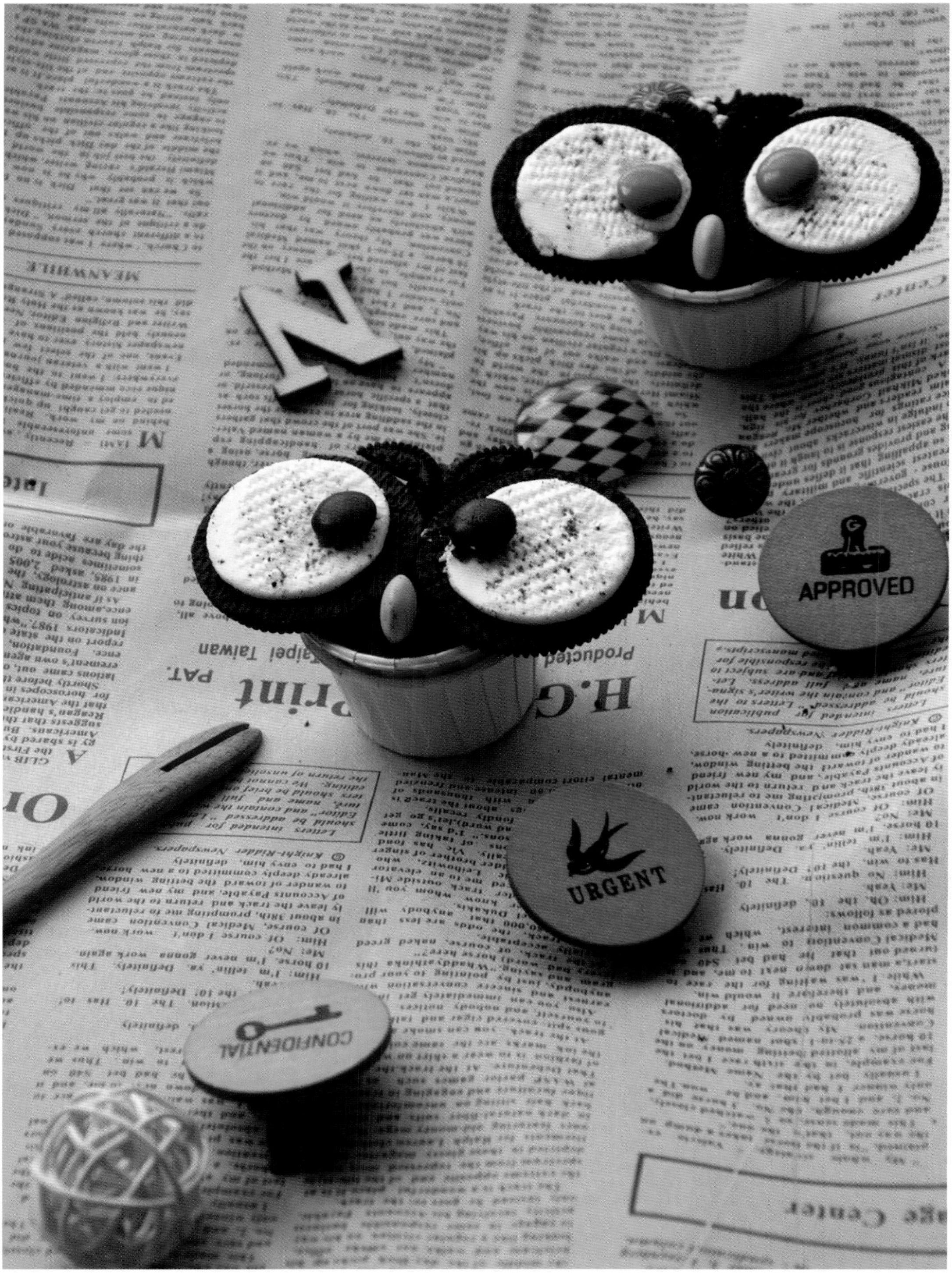
APPROVED
URGENT
CONFIDENTIAL

猫头鹰咖啡杯子蛋糕

准备好奥利奥饼干和巧克力豆，普通杯子蛋糕一分钟就可以变身成大眼睛呆萌萌的猫头鹰杯子蛋糕，把它们摆放在万圣节餐桌上，一定会引发小朋友的尖叫，绝对抢手哦！

难度★★★

烘焙时间：烤箱中层，上下火，160℃，20 分钟 参考分量：8 杯

配料

咖啡杯子蛋糕配料
低筋面粉 120g
泡打粉 1t（5ml）
黄油（室温）70g
牛奶 80ml
纯咖啡粉 3.6g
砂糖 55g
鸡蛋（室温）1 个
盐 1g

表层装饰用料
巧克力原味奥利奥（夹心是白色的）1 包
m&m 彩色巧克力豆 适量
巧克力 80g

（碎）（碎）（念）

1. 用其他配方制作纸杯蛋糕也可以做这个造型，不必拘泥，所以也可以尝试一下其他的口味。
2. 少量巧克力隔水融化方法请见书中第 205 页。

制作

1. 低筋面粉和泡打粉混合过筛，牛奶倒入小锅中小火加热，温热后放入纯咖啡粉，泡开搅匀备用。

2. 黄油室温软化后加盐和砂糖，用电动打蛋器打发。

3. 鸡蛋打散后分 3 次加入到黄油中，搅打至蓬松。

4. 把一半粉类筛入黄油糊用刮刀拌匀，然后加入一半咖啡牛奶液同样拌匀。

5. 依次加入剩余的粉类和咖啡牛奶液，拌匀。

6. 面糊放入裱花袋，裱花袋剪口，挤入纸杯中，放入上下火 160℃预热的烤箱中层，烤 20 分钟。出炉后放凉，切去膨胀到纸杯外的蛋糕部分，保持表面平整。

7. 奥利奥饼干用刀从中间分开，取带白色糖霜的部分做眼白，切一小部分巧克力色的饼干边做眉毛，巧克力掰碎放入裱花袋隔水融化。

8. 用木勺将巧克力涂抹到杯子蛋糕表面并抹平。

9. 趁热放上饼干作眼睛和眉毛，在白色部分靠内侧挤一点巧克力，然后按上咖啡色或蓝色 m&m 豆作为眼珠，取黄色 m&m 豆竖着放到合适位置作为嘴巴。

配料

黄油（室温）45g
糖粉 70g
小号鸡蛋（室温）1 个
低筋面粉 100g
可可粉 8g
盐 1/2t（2.5ml）
柠檬汁 1t（5ml）
小苏打 1/2t（2.5ml）
香草精 1/2t（2.5ml）
红丝绒调色剂或红色素
  1t（5ml）

制作 Buttermilk（酪乳）配料

室温全脂牛奶 85g
柠檬汁 8g

奶油霜及装饰

奶油奶酪（室温）150g
黄油（室温）60g
朗姆酒 1t（可选）（5ml）
糖粉 45g
蔓越莓干碎（可选）15g
彩色糖粒（可选）适量
薄荷叶（可选）适量

（碎）（碎）（念）

1. 制作酪乳时要用牛奶冲柠檬汁，切记不可反向操作。

2. 烤颜色较深的蛋糕时，如果看不出火候无法判断是否已熟，可用牙签插入蛋糕，如果取出时牙签上没有蛋糕糊带出来即熟。

3. 网购红丝绒调色剂时，搜关键字"美国 LorAnn Oil 红丝绒色素"可以购买到，亦可使用优质进口红色素来代替。

红丝绒乳酪杯子蛋糕

关于红丝绒蛋糕（Red Velvet Cake）据说有这样一个故事：很久很久以前，有位女客人在纽约的 Waldorf-Astoria 酒店用餐时，享用到了红丝绒蛋糕。她对这款蛋糕非常感兴趣，于是向酒店索要蛋糕师的名字以及蛋糕配方，酒店满足了她的要求。然而随后她收到了一份高额账单，原来酒店并不是无偿告知蛋糕配方，这位女客人一怒之下，向全社会公布了红丝绒蛋糕的配方，红丝绒蛋糕也由此闻名于世。

美味而且有故事的蛋糕并不多，所以不容错过。让我们来制作这道有故事的甜点吧！

难度 ★ ★ ★

> **烘焙时间：烤箱倒数第二层，上下火，170℃，约 20 分钟**
> **参考分量：约 6 杯**

制作

1. 首先制作红丝绒蛋糕不可或缺的原料——酪乳：称重、准备好柠檬汁和牛奶。先将柠檬汁倒在杯子里，然后将牛奶快速冲入杯中，静置 10 分钟即可。制作好的酪乳略显凝固、黏稠。

2. 将低筋面粉、可可粉、小苏打、盐分别称量并混合过筛。

3. 将室温软化的黄油加入糖粉，用电动打蛋器打发。

4. 分 3 次加入室温全蛋液，每次用打蛋器搅打均匀后再加下一次，打发好的黄油糊看上去蓬松且体积膨大。

5. 加入香草精、柠檬汁和红丝绒调色剂（或进口优质食用红色素）并继续搅打均匀，打好后分 2 次加入制作好的酪乳，搅打均匀。

6. 倒入粉类，用刮刀将粉类和黄油糊切拌均匀。

7. 将蛋糕糊放入裱花袋，挤进纸杯呈 8 分满。

8. 烤箱 170℃上下火预热，将蛋糕放入烤箱倒数第二层，烤约 20 分钟后取出放凉。

9. 奶油奶酪、黄油、糖粉、朗姆酒放入容器中，用电动打蛋器搅打均匀。

10. 将奶油霜装入放有中号 8 齿裱花嘴的裱花袋，以蛋糕中心为原点顺时针旋转裱花。撒上蔓越莓碎和彩色糖粒，插上薄荷叶装饰会更加漂亮。

配料

鸡蛋 3 个
细砂糖 56g（蛋白和蛋
　黄各加入 28g 砂糖）
低筋面粉 63g

奶油夹馅
淡奶油 250g
糖粉 20g
新鲜芒果 2 个（约400g）

筛表面用料
糖粉 少许
低筋面粉 少许

芒果奶油比司吉

Biscuit 比司吉在英文中意思是饼干，但在法语中指的是分蛋海绵蛋糕。这款芒果奶油比司吉表层蓬松轻盈，夹入新鲜香甜的芒果和奶油，冷藏以后品尝尤为美味，非常适合作为餐后甜点。

难度★★★

烘焙时间：烤箱中层，上下火，180℃，约 25 分钟
参考分量：直径约 20cm 的蛋糕 1 个

(碎)(碎)(念)

1. 夹入水果和奶油后，冰箱冷藏 4 小时以上，口味更佳。
2. 芒果也可以换成其他应季水果。

制作

1. 蛋白和蛋黄分离，分别放置在无水无油的干净打蛋盆中。蛋黄用电动打蛋器高速打发，并将 28g 细砂糖分三次加入，高速打发 2~3 分钟，打发至体积增加、颜色变浅。

2. 打发蛋白。用电动打蛋器将蛋白打出粗泡后，将 28g 砂糖平均分 3 次加入蛋白中，继续打发至干性发泡状态。

3. 将蛋白取 1/3 加入到之前打发好的蛋黄糊中，切拌均匀。

4. 将蛋黄糊倒入蛋白盆中，用刮刀混合切拌均匀。

5. 一边转动打蛋盆，一边迅速切拌筛入低筋面粉，切拌到看不见干粉为止，需注意不要过度切拌。

6. 用剪刀剪出直径为 18cm 的圆形油纸放在烤盘上，将面糊倒在纸片中心位置，面糊不要超出圆形油纸，用抹刀修整表面，平整成圆形。

7. 在面糊表面筛少许糖粉，接着再筛上一层低筋面粉，用刀轻轻划出格纹状。

8. 烤箱上下火 180℃预热，放入烤箱中层烤约 25 分钟，至完全膨胀且表面呈金黄色后取出，放凉，用锯齿刀把蛋糕横向剖成两片。

9. 新鲜芒果去皮、果肉切丁，淡奶油加糖粉打发至有明显花纹。在比司吉下半片上涂抹一半的鲜奶油，摆上水果，再抹上剩余的奶油，最后盖上上半片比司吉即可。

配料

淡奶油 125g
牛奶 50g
糖粉 20g
纯黑咖啡粉 2g
吉利丁片 1 片（5g）
朗姆酒 1t

表面装饰
可可粉 少许
时令水果 若干

意式咖啡奶油布丁

意式咖啡奶油布丁，制作简单并且非常美味，装饰上水果，美美地吃上一杯，心情超愉快！

难度 ★

烘焙时间：无须烘焙	
参考分量：2 杯	

制作

1. 吉利丁片剪开后用冰水泡软。

2. 牛奶、淡奶油、糖粉依次称重加入锅中。

3. 加入咖啡粉，混合后小火加热，搅拌至融化后离火。

4. 加入已经泡软的吉利丁片使其融化，放至微温时加入朗姆酒，搅匀。

5. 滤掉液体表面的泡沫后盛入杯中，放入冰箱冷藏凝固（约 4 小时）。

6. 从冰箱取出，筛上可可粉，放上时令水果装饰，即可品尝。

㊉㊉㊉

1. 布丁从冰箱取出后马上享用，会更加冰凉可口。

2. 可以按照自己口味适度增减糖量。

3. 吉利丁一定要用冰水泡软，否则容易融化在水中。

蓝莓果酱曲奇

核桃雪球

芒果芝士蛋糕

感恩节

可可海绵蛋糕

每年 11 月的最后一个星期四是感恩节。这是美国人民创造的一个古老节日，原意是为了感谢印第安人，后来人们常在这一天感谢帮助过自己的他人。在西方，感恩节的重要性仅次于圣诞节，这是一个感恩和团圆的日子，身处天南地北的人们聚到一起分享美食，所以在这个节日里，制作一些充满心意的甜点与想要真诚感谢的人一起品尝吧！

奶香杏仁面包

迷你抹茶巧克力泡芙

越橘果酱免烤布丁

配料

黄油（室温）80g
糖粉 40g
全蛋液（室温）20g
低筋面粉 100g
蓝莓果酱 适量

蓝莓果酱曲奇

这款曲奇只用到少少的几种配料，味道却相当不俗，配上红茶品尝，更是味道一级棒。

难度 ★ ★ ★

烘焙时间：烤箱中层，上下火，180℃，15 分钟
参考分量：15 块

制作

1. 黄油室温软化后加入糖粉，用电动打蛋器打发至颜色变浅、体积膨大。

2. 分 2 次加入打散的全蛋液，搅拌均匀后筛入低筋面粉。

3. 用刮刀将面糊切拌均匀。

4. 放入已经装好中号 6 齿裱花嘴布制裱花袋中，垂直挤出曲奇。

5. 木筷在水里蘸一下，然后在曲奇顶部轻轻扎一个孔，不要太深。裱花袋内放入蓝莓果酱，裱花袋剪口，把蓝莓果酱挤入曲奇孔中。将曲奇放进预热的烤箱，180℃烤 15 分钟左右，烤至表面微微金黄色即可。

碎碎念

1. 筷子必须每扎完一个曲奇，都用纸巾擦干并重新蘸水以后再次扎孔，如果不蘸水，面糊会粘在筷子上。

2. 果酱不要挤太满，否则烤的时候会溢出。

3. 挤曲奇用力较大，如果使用塑料裱花袋很容易挤破，需要用布裱花袋。

配料

黄油（无需室温的）60g
细砂糖 25g
低筋面粉 85g
核桃仁 25 g
盐 1g

装饰雪球表层用料
糖粉 适量

核桃雪球

添加了补脑益智的核桃，美味的雪球吃起来更加健康。这是一款配料简单、制作简单，但能量满满的甜点。

难度★★

> **烘焙时间：烤箱中层，上下火，160℃，25 分钟**
> **参考分量：约 12 个**

制作

1. 生核桃仁放入上下火 130℃预热的烤箱，烘烤 10 分钟，放凉切碎备用。

2. 黄油切成小丁，放入冰箱冷藏 20 分钟取出，和过筛好的低筋面粉、细砂糖、盐混合均匀，用手指捏匀，搓成松散状。

3. 加入核桃碎，用硅胶刮刀稍稍按压拌匀。

4. 用手团成每个约 15g 的小圆球，摆放在烤盘上，放入已经 160℃上下火预热的烤箱中层，烤约 25 分钟，待表层微黄即可关火闷 10 分钟取出。放凉后筛上糖粉，密封保存即可。

碎 碎 念
为保证口感酥松，不要过度搅拌揉压面团。

芒果芝士蛋糕

甘美又清甜的芒果芝士蛋糕，仔细品尝，会带来香气满满的幸福感，芒果控一定不要错过。

难度★★★

配料

芒果 300g（去核去皮后的净重）
消化饼干 80g
黄油 40g
奶油奶酪（室温）200g
淡奶油 180g
牛奶 65g
细砂糖 60g
柠檬汁 1T（15ml）
吉利丁片 2.5 片（12.5g）

> **烘焙时间：无须烘焙**
> **参考分量：6 寸蛋糕圆模 1 个**

碎碎念

1. 脱模时可以用热毛巾围在模具外面捂一小会儿，或者用电吹风稍微转圈吹一会儿，即可轻松脱模。

2. 消化饼干输入关键字，网购即可买到。

制作

1. 准备蛋糕底：消化饼干放入食品料理机的研磨杯搅打成粉末。

2. 黄油隔水加热融化成液态，倒入消化饼干碎末里，用勺子搅拌均匀。

3. 将拌好的消化饼干面糊均匀铺在一个 6 寸圆模的底部，用勺子背压平，放入冰箱冷藏约 20 分钟定型。

4. 吉利丁片用冰水泡软后捞入碗中，加 30g 牛奶，隔水加热融化成液体。

5. 在食品料理机的料理杯里放入室温软化的奶油奶酪、细砂糖、去皮去核后的芒果果肉、柠檬汁和剩余的牛奶，搅拌至所有材料充分混合，成为浓稠细腻的糊状（如果料理机杯子较小，可以分两次操作）。

6. 将搅拌好的芒果芝士糊倒入容器中，将融化放凉至微温的吉利丁液倒入芒果芝士糊里，充分搅拌均匀。

7. 将淡奶油隔冰水用电动打蛋器打发至能保持清晰纹路的状态。

8. 将淡奶油与芒果芝士糊混合，用从底部往上翻拌的手法拌匀，拌匀的芝士糊体积膨松、质地稠厚。

9. 将拌好的芝士糊倒入已经铺了消化饼干底的模具里，轻轻端起蛋糕模具在料理台上震平表面。

10. 放入冰箱冷藏 4 个小时以上，待彻底凝固即可脱模，点缀时令水果后食用。

可可海绵蛋糕

配料

鸡蛋 3 个
细砂糖 80g
黄油 30g
牛奶 50g
低筋面粉 80g
可可粉 20g

这款不易消泡的可可海绵蛋糕的制作原理是：先将蛋白打发，然后直接将蛋黄混入蛋白中继续打发。另外，将可可粉与黄油、牛奶事先混合，避免了传统可可海绵的可可粉和低筋面粉混合加入后容易引起的消泡现象，用这种方法不用担心时间长了易消泡。蛋糕口感细腻柔软、香醇浓郁，非常值得一试。

烘焙难度★★★

> **烘焙时间：烤箱中层，170℃，上下火，烤 20 分钟**
> **参考分量：4 只**

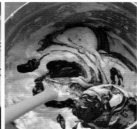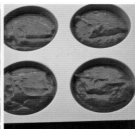

碎碎念

1. 打发蛋白的容器与打蛋头要干净且无油无水。

2. 蛋糕冷却后入密封盒或保鲜袋保存，可保持口感湿润。

3. 烘焙温度和时间，请根据蛋糕体大小和自家烤箱情况做适度调整。

4. 麦芬模具也可更换成其他不粘模具或蛋糕油纸杯。

制作

1. 黄油加牛奶小火加热至黄油融化，筛入可可粉，搅拌均匀至无颗粒状。

2. 蛋白与蛋黄分离，蛋白放入无水无油的干净容器中，用电动打蛋器中速搅打至粗泡状。

3. 分 3 次加入细砂糖，打发至干性发泡。

4. 倒入蛋黄，用打蛋器继续低速搅打约 2 分钟。

5. 蛋白和蛋黄混合搅打至提起打蛋头呈缓慢流淌状态时，筛入低筋面粉，边转动打蛋盆边用硅胶刮刀从底往上对角切拌。

6. 步骤 1 中搅拌均匀的可可液降至温热后，沿盆边倒入拌好的面糊里，边转动打蛋盆边用刮刀从底往上对角切拌。

7. 拌好的面糊看上去蓬松光滑。

8. 从较高处倒入蛋糕模具中。倒入面糊后，拿起模具震 3~4 次，震出大气泡。

9. 放入 170℃上下火预热的烤箱中层，烤约 20 分钟，出炉放凉脱模即可。

奶香杏仁面包

基础款的牛奶面包，只要花点心思装饰上杏仁片做个造型，就会变得美美的，好吃又好做，快来试一下。

难度★★★

烘焙时间：烤箱中层，180℃，上下火，烤 20 分钟
参考分量：8 寸蛋糕圆模 1 个

配料

高筋面粉 250g
糖 35g
盐 3g
蛋液 25 克
牛奶 140g
黄油 20g
酵母 4g

表面装饰用料
全蛋液 少许
杏仁片 少许

制作

1. 除黄油以外所有原料称重后放入面包机内桶，内筒装入面包机后，按下面团发酵功能，揉约 10 分钟，揉成光滑的面团后加入切成小丁的黄油，继续揉至扩展阶段。在面包机内发酵至约两倍大，手指蘸面粉在面团上戳洞不回弹、不塌陷即可结束发酵取出面团。

2. 面团排气后分割成 8 份，然后每个面团分别滚圆。

3. 放入 8 寸圆形蛋糕模内，排成一圈。

4. 放入烤箱后使用烤箱的发酵功能，并且在烤箱底层放杯热水进行二次发酵，发酵完成后取出。

5. 面包表层刷全蛋液、撒少许杏仁片装饰。

6. 放入上下火 180℃预热的烤箱中层，烤 20 分钟左右至表面金黄。

7. 取出放凉后，放入保鲜袋内保存会更加柔软。

碎碎念

1. 二次发酵完成的状态是面团发酵约两倍大，手指轻按面团，所按处不会回弹，并且略有张力。

2. 面包发酵是否到位，要根据面团状态来判定而不能只看时间。

3. 关于面包发酵及扩展状态详解，请见书中第 204 页。

4. 趁面包有余温时，用保鲜袋密封保存，这样面包不会变干变硬。

碎 碎 念

1. 迷你巧克力泡芙是一款对烤箱温度要求比较敏感的甜点，每台烤箱温度不同，最好能在烤箱前多观察火候、调整烘焙时间。

2. 面糊如果太湿泡芙不易烤干，烤出来偏扁的而且容易塌陷。合适的面糊是用筷子或铲子挑起来成呈倒三角且尖端离底部 4cm 左右，不滴落。

3. 烤箱要充分预热，且温度一开始要达到 200℃ 高温进行烘焙定型，膨胀定型后转低温，只有充分烤干水分才不会塌陷和内部偏湿。

配料

黄油（无需室温）40g
水 80g
盐 1/4t（1.25ml）
细砂糖 1/2t（2.5ml）
低筋面粉 50g
鸡蛋（室温）1.5 个

抹茶奶油馅
抹茶粉 1.5t（7.5ml）
淡奶油 200g
糖粉 20g

泡芙表面装饰用料
白巧克力 180g
绿色素 少许
红色蝴蝶结糖 适量
彩色糖粒 少许

迷你抹茶巧克力泡芙

这款迷你泡芙的内馅采用了清新的抹茶奶油，加上奶香十足的巧克力淋面，口感更是令人沉醉。坐在烤箱前仔细观察迷你泡芙在烤箱里慢慢膨胀变成小胖子的过程，真是件很愉悦又有趣的事情，不要错过啦！

难度★★★★

> **烘焙时间：烤箱中层，上下火，先 210℃烤 10~15 分钟，然后转 180℃烤 20~25 分钟**
> **参考分量：约 10 只**

制作

1. 黄油切成 1cm 小丁，将水、黄油、盐、细砂糖称重后倒入不粘锅中，小火加热至黄油化开并且水中起小泡后（为防止水分蒸发，应避免液体沸腾），从火上端下来。

2. 将过筛好的低筋面粉一次性倒入不粘锅中，用木铲快速划圈搅拌。

3. 拌匀后放回火上，调小火用木铲搅拌，煮掉多余水分，当面糊搅拌能够成团时，关火将面团倒入打蛋盆中，散去余热（降温至60℃左右）。

4. 将打散的蛋液，少量缓慢倒入步骤 3 的面团中，搅拌均匀（蛋液分 4~5 次加入），每次加入都要彻底搅匀再加下次。

5. 搅拌至挑起面糊时，面糊呈现倒三角形状，尖角到底部的长度约 4cm，并且不会滑落就可以了。

6. 面糊放入装有小号 8 齿裱花嘴的裱花袋中，垂直于烤盘挤出小花，保持 3cm 间距以防粘连。

7. 放入已经 210℃上下火预热的烤箱中层，烤 10~15 分钟，待泡芙充分膨胀起来以后转 180℃烤 20~25 分钟至表面呈黄褐色，取出放凉。

8. 把白巧克力隔水融化成液体，用牙签蘸绿色素调出薄荷绿色，准备好蝴蝶结糖和彩色糖粒。

9. 淡奶油加入过筛后的糖粉和抹茶粉，隔冰水打发至有明显花纹后即成为抹茶奶油。

10. 将抹茶奶油放入裱花袋，裱花袋剪小口，在泡芙反面戳孔挤满奶油。

11. 把泡芙正面朝下均匀蘸巧克力液。

12. 趁巧克力未干时，用红色蝴蝶结糖和彩色糖粒装饰点缀。

越橘果酱免烤布丁

配料

越橘果酱 65g
原味酸奶 100g
牛奶 90g
吉利丁 2 片（10g）
柠檬汁 5g

安安静静、仔仔细细地品尝酸甜清香的越橘果酱酸奶布丁，美妙甜点自然能够带来好心情！

难度★

烘焙时间：无须烘焙
参考分量：4 杯

制作

1. 吉利丁剪小片，放入冰水中浸泡至变软。

2. 酸奶、牛奶、柠檬汁称重后混合均匀。

3. 加入越橘果酱。

4. 放到灶台上用最小火加热，边加热边搅拌均匀后离火，放入泡软的吉利丁片使之遇热融化。

5. 倒入蛋糕油纸杯或任意喜欢的模具里，放冰箱冷藏至彻底凝固（约 4 小时）。加一点水果和薄荷叶装饰会更加漂亮。

碎碎念

1. 越橘果酱可以网购，换成其他口味果酱亦可。

2. 从冰箱取出后，马上享用会更加冰凉可口。

3. 如果喜欢吃甜的，可以按照自己口味适当增加果酱量。

圣诞节

圣诞节（Christmas）又称耶诞节，是西方传统节日，时间是每年的 12 月 25 日。在这一天，人们会装饰圣诞树、相互祝贺、交换礼物、享用圣诞大餐，当然在家中制作各种美味甜点也是必不可少的！适合这个节日的甜点大多温馨可爱，可以给圣诞节增添浓浓的节日气氛，另外，用自己亲手制作的圣诞甜点作为礼物送给恋人和朋友们也是非常棒的主意哦！

圣诞小拐杖饼干

水果多多裸蛋糕

圣诞老人奶油纸杯蛋糕

奶酪草莓酱小餐包

圣诞花环面包

巧克力布丁

香草朗姆酒冰淇淋

配料

低筋面粉 100g
砂糖 35g
黄油（室温）50g
全蛋液（室温）25g
进口食用红色素 适量
进口食用绿色素 适量

圣诞小拐杖饼干

雪花飘扬的圣诞节，不可或缺的是闪闪发光的圣诞树、大红色圣诞帽、驯鹿雪橇、礼物口袋、圣诞老人，以及圣诞拐杖饼干……这款饼干色彩讨喜又可爱，用来装点圣诞节，气氛真是棒棒的！

难度 ★ ★ ★

烘焙时间：烤箱中层，上下火 150℃，15~20 分钟
参考分量：约 18 根

制作

1. 室温软化的黄油加入砂糖，用电动打蛋器打发蓬松后，分 2 次加入全蛋液继续搅打，直至全部融合（无须打发）。

2. 筛入低筋面粉，用刮刀切拌成均匀的面团。将面团平均分成两份，分别滴入食用红色素和绿色素，带一次性手套将面团颜色揉匀后，放入冰箱冷藏半个小时。

3. 取出面团，将面团分成每个约 5g 的小面团。红、绿小面团各搓成长条，再将两个长条合并，反方向搓成麻花状，再弯成拐杖状。

4. 烤箱 150℃上下火预热，将饼干放入中层，烘烤 15~20 分钟后取出放凉，密封保存。

碎碎念

1. 烘焙时需低温烘烤，这样能保证饼干出炉的色泽更加鲜艳。

2. 滴入色素的面团揉捏时最好带一次性手套操作，以免色素沾到手上，并且尽可能快速搓均匀。

3. 一定要选用优质食品色素。

配料

蛋糕胚原料

鸡蛋 4 个
低筋面粉 40g
细砂糖 40g（30g 加入蛋
　白中，10g 加入蛋黄中）
玉米油 40g
牛奶 40g
柠檬汁 1/2t（2.5ml）

水果装饰及夹层

蓝莓 100g
菠萝 150g
草莓 100g

奶油配料

淡奶油 350g
朗姆酒 1t（5ml）
糖粉 30g

水果多多裸蛋糕

近年大热的裸蛋糕，优点之一应该是不需要蛋糕抹面。松软又可口的蛋糕胚，搭配加入朗姆酒的香甜奶油和新鲜多多的水果，口感非常赞。裸蛋糕制作简单方便、味道佳，难怪会火到不行。

难度 ★ ★ ★

烘焙时间：烤箱中层，180℃，上下火，15~20 分钟
参考分量：28cm×28cm 烤盘一个

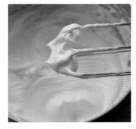  

制作

1. 准备所有原料并称重，将蛋白、蛋黄分离。

2. 蛋白加柠檬汁后，用电动打蛋器打至呈粗泡状。

3. 分三次加入细砂糖，搅打至干性打发状态。

4. 蛋黄加细砂糖后用打蛋器打到蛋黄发白，加入玉米油和牛奶，搅拌均匀。

5. 筛入低筋面粉，用蛋抽拌匀。

6. 取三分之一蛋白加入蛋黄糊中，用刮刀切拌均匀。

7. 倒入全部蛋白，切拌成均匀面糊。

8. 28cm×28cm 的方形模具内刷一层玉米油，铺上油纸，在油纸上再薄薄刷一层玉米油。

9. 面糊倒入模具，震几下（消除表面气泡），放入 180℃ 上下火预热的烤箱中层，烤约 18 分钟。

10. 出炉震一下，过几分钟后倒扣脱模。脱模的时候，烤网上垫一张油纸，蛋糕直接倒扣在油纸上放凉。

11. 蛋糕片切去边角呈正方形，再平均切成四份。

12. 淡奶油隔冰水加糖粉、朗姆酒打发至有明显花纹状态。

13. 水果切丁，蛋糕片用抹刀抹上奶油，加上水果，依次叠好。

14. 表面随意抹上奶油，加上草莓、蓝莓和菠萝丁，插上蛋糕装饰牌，撒上糖粉装饰即可。

碎碎念

1. 时间和温度根据自己烤箱调节，每个烤箱温度不同，蛋糕上色后注意观察，颜色金黄、轻拍无明显沙沙声即已经烤好。

2. 水果可按照个人喜好和时令任意调换。

配料

红糖麦芬配料

低筋面粉 120g
色拉油 35g
牛奶 50g
红糖 40g
鸡蛋 1 个
泡打粉 1t（5ml）

装饰表面用料

淡奶油 250ml
糖粉 25g
草莓 6 颗
黑巧克力 10g

碎碎念

1. 烤颜色较深的麦芬时可以用牙签插入麦芬，如果没有湿的面粉糊带出，即是已经烤熟可以取出了。
2. 面糊不要过度翻拌，会影响麦芬松软度。
3. 蛋糕放凉之后再裱奶油，否则奶油会融化。
4. 少量巧克力隔水融化方法请见书中第 205 页。

圣诞老人奶油纸杯蛋糕

每年圣诞季也正好是草莓上市时，挑选新鲜又漂亮的草莓来制作萌萌的圣诞老人杯子蛋糕，对着他许下的圣诞礼物心愿，很可能会实现哦！

难度 ★ ★ ★

> **烘焙时间：烤箱中层，上下火 170℃，20 分钟**
> **参考分量：4 只纸杯**

制作

1. 鸡蛋加红糖、色拉油、牛奶搅拌均匀。

2. 将粉类混合，筛入蛋液中。

3. 切拌至看到不粉状即可，不要搅拌过度。

4. 倒入裱花袋，裱花袋剪口，把蛋糕糊挤入纸杯内。

5. 放入已经上下火 170℃ 预热的烤箱中层，烤 20 分钟，取出放凉。

6. 黑巧克力切碎放入裱花袋内，隔热水融化为液体（用来画圣诞老人的面部表情）。

7. 淡奶油加糖粉打发至有明显花纹后，放入已装好大号齿形裱花嘴的裱花袋中。

8. 把奶油呈螺旋状挤到杯子上，在一颗草莓的三分之一处横向切开，挤一奶油球做为圣诞老人的脸，在草莓顶部挤一点奶油制作帽子上的毛球，然后用融化的黑巧克力挤上圣诞老人的表情即可。

配料

高筋面粉 240g
奶油奶酪（室温）40g
牛奶 90g
全蛋液 40g
糖 25g
盐 1g
酵母 4g
黄油 25g

内馅

草莓果酱 适量

刷面包表面

全蛋液（面包入烤箱前刷表面）少许

奶酪草莓酱小餐包

新鲜出炉的奶酪草莓酱小餐包香喷喷、软甜甜，根本没办法抗拒，做个圣诞树的造型，摆在圣诞节餐桌上一定会很受欢迎呢。

难度 ★ ★ ★

烘焙时间：烤箱中层，180℃，上下火，倒数第二层，15~20 分钟
参考分量：12 只

  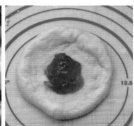

碎碎念

1. 面包包好馅料后一定要捏紧，否则容易漏馅。

2. 草莓酱选质地稠厚的更容易包馅。

3. 二次发酵完成的状态是面团发酵约两倍大，手指轻按面团，所按处不会回弹，并且略有张力。

4. 面包发酵是否到位，要根据面团状态来判定，而不能只看时间。

5. 关于面包发酵及扩展状态详解，请见书中第204 页。

6. 趁面包有余温时，用保鲜袋密封保存，这样面包不会变干变硬。

制作

1. 将除黄油外的所有材料，称重后放入面包机内桶里。

2. 按下面包机的面团发酵功能，揉约 10 分钟成为光滑的面团。

3. 加入切成小丁的黄油，揉至扩展阶段。

4. 在面包机内发酵至约两倍大，用手蘸面粉在面团上戳洞，洞口不回缩、不塌陷，即为发酵已经完成。

5. 将面团取出称重后平均分成 12 个小面团，每个面团滚圆，盖上保鲜膜放置 15 分钟左右，让面团松弛。

6. 将小面团用擀面杖擀成圆片，尽量中间厚、四周薄，然后包入草莓酱。

7. 包好后收口朝下，整形滚圆（收口时一定要捏紧，否则烤时容易漏出）。

8. 放入烤箱内，选择发酵功能，烤箱底层放杯热水保持湿度。待面团二次发酵完成后，轻轻用刷子在表面刷上全蛋液。

9. 放入 180℃上下火预热的烤箱倒数第二层，烘烤约 15 分钟至表面上色均匀后即可出炉。

圣诞花环面包

配料

高筋面粉 155g
黄油 25g
砂糖 25g
奶粉 6g
食盐 1g
全蛋液 25g
牛奶 70g
酵母 3g
蔓越莓干或葡萄干 少许

面包表面刷液
全蛋液（烤前刷面包表面）少许

每年一入 12 月，大街小巷就开始传出欢快的圣诞歌曲，商场里早早就摆放上金闪闪很迷人的圣诞树、红顶小屋、背着满满礼物袋的圣诞老人，营造出很热烈的圣诞氛围。即使是不信宗教，依然很爱这浓浓的节日气氛，那么来自己动手制作一个圣诞花环面包，给这个节日增添些快乐吧！

难度 ★ ★ ★

> **烘焙时间：烤箱中层，上下火，170℃，约 20 分钟**
> **参考分量：1 只**

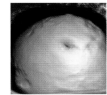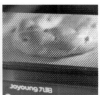

制作

1. 将除黄油外的所有材料放入面包机，按下面团发酵功能，揉成光滑面团后（约 10 分钟），加入切成小丁的黄油，继续揉至扩展阶段。

2. 面团在面包机内基础发酵至约两倍大，手指蘸面粉在面团上戳洞，洞口不回缩、不塌陷即完成发酵。

3. 取出排气后，将面团平均分成 3 个小面团，盖上保鲜膜松弛 15 分钟。

4. 把每个面团擀开，呈橄榄型。

5. 由外向内卷成长度约为 60cm 的一股。

6. 编成三股辫，捏紧两头盘起来成花环状。

7. 放入烤箱后使用烤箱的发酵功能，并在烤箱底层放杯热水保持湿润，进行二次发酵。

8. 待二次发酵完成后，在面包表面缝隙插上蔓越梅干或葡萄干，然后刷一层全蛋液。

9. 放入上下火 170℃预热好的烤箱中层，烘烤 20 分钟至表面上色均匀后即可出炉。

配料

巧克力炼奶 30g
全脂牛奶 180g
吉利丁 1.5 片（7.5g）

表面装饰用料
车厘子（或其他时令水
　果）少许
巧克力炼奶 适量

巧克力布丁

制作这道巧克力布丁真是快手又方便，从冰箱取出来马上品尝，冰凉可口、心情飞扬。

难度 ★

烘焙时间：无须烘焙
参考分量：3 杯

制作

1. 吉利丁片剪成小段，放入冰水中浸泡变软。

2. 牛奶称重后倒入小锅，加入巧克力炼奶。

3. 用最小火加热，边加热边搅拌，搅拌均匀后离火。放入泡软的吉利丁使之遇热融化。

4. 倒入蛋糕油纸杯或任意喜欢的模具里，放冰箱冷藏至彻底凝固。

5. 倒扣在盘上，用吹风机围着布丁转圈加热 15 秒后脱模。

6. 加车厘子和巧克力炼奶做表面装饰，会更漂亮。

碎碎念

1、从冰箱取出后马上享用，会更加冰凉可口。

2、喜欢吃甜也可以适当增加炼奶量。

配料

蛋黄 3 个
淡奶油 250ml
砂糖 50g
朗姆酒 1T（15ml）
香草精 5 滴

表面装饰用料

黑巧克力碎 少许
时令水果 适量

香草朗姆酒冰淇淋

这款香草朗姆酒冰淇淋制作简单，无须反复搅拌，品尝之前放入冰箱冷藏解冻后，移入杯中，加点巧克力碎和水果点缀，口感会更加丰富迷人，非常适合作为圣诞节的餐后甜点。

难度★★

烘焙时间：无须烘焙
参考分量：4 杯

制作

1. 蛋黄加入砂糖、香草精后用打蛋器搅拌均匀。

2. 加入朗姆酒，将打蛋盆坐入 80℃左右热水盆中打发，至浓稠后放凉，降至室温。

3. 淡奶油打发至出现清晰的花纹。

4. 打发好的淡奶油平均分 4 次加入蛋黄糊中，切拌均匀。放入容器内，盖上保鲜膜密封后移至冰箱冷冻约 8 小时，待彻底凝固后，加上巧克力碎与水果装饰即可品尝。

碎碎念

1. 蛋黄必须要选用优质新鲜的。

2. 盛放冰淇淋的容器要浅一些，可以更加快速均匀地进行冷冻。

附录

面包制作流程

因为本书中面包的制作、搅拌基本借助于面包机，所以制作流程主要讲一下使用面包机制作面包的方法和步骤。

1. 将面包机搅拌棒安装于面包桶内。

2. 将砂糖和盐分别放入面包桶的两端。

3. 加入液体类原料（例如水、蛋液、淡奶油、牛奶等）。

4. 加入粉类（例如高、低筋面粉，奶粉等）。

5. 粉类中间放入耐糖酵母。

6. 将内桶安装于面包机内，选择面包机的面团发酵功能（每台面包机功能不同，请按照说明书操作）。揉面团至表面光滑（5~10 分钟）。按照配方，如果需要加入黄油，此刻加入并继续选择揉面。面团揉至扩展阶段，将面团从面包机内取出。（为清晰地看到面团的发酵过程，现将面团取出放在容器中演示面团基本操作步骤，当然实际操作时有些步骤也可用面包机来完成。）

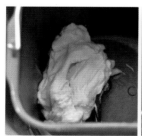  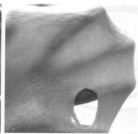 

7. 大部分甜面包为了保持松软，只需要将面团揉到扩展阶段。观察判断是否已经达到扩展阶段的标准是：面团用手抻开，能够形成薄膜，但薄膜强度一般，用手捅破后，破口边缘呈不规则形状。

8. 面团放入容器中盖上盖子，放到温暖处进行第一次发酵。

9. 当面团体积膨胀到约原来的2倍大时，用手指蘸面粉在面团上戳洞，洞口不回缩、不塌陷，即完成发酵。一般来说普通面团在室温 27℃时发酵需要约 1 小时。

10. 面团在发酵过程中会产生气体，需要将面团取出后重新揉圆，排掉空气，然后分割成需要的大小，滚圆后盖保鲜膜松弛 15 分钟。

11. 松弛完成后，可以把面团整形成需要的形状，放到温暖湿润处进行二次发酵。二次发酵一般在温度约 38℃、湿度约 85% 的环境中进行。家庭制作时，可选用带有发酵功能的烤箱进行二次发酵：将面团放入烤箱后，选用发酵功能，调整好温度，在烤箱内放入一杯热水保持湿度。待发酵完成后取出热水杯，按配方要求进行烘烤。二次发酵完成的时候面团一般会发酵到2倍大，手指轻按面团，所按之处不会立即回弹，并且显得略有张力。要注意面包发酵是否到位，要根据面团状态来判定而不能只看时间。

面包制作注意事项

1. 酵母：酵母开封后要冷藏保存，为防止失效，尽量购买小包装酵母以保证新鲜。

2. 面粉：每款面粉的吸水性不同，南方阴雨天也会影响面粉中水分的含量，所以制作面包时不要一味按照配方操作，除了选用高品质的面包粉外，也要注意观察面团的状态。通常面包面团在揉好后会呈现略微有些黏手的状态，所以配方里的液体要灵活增减。如果没有制作经验，一开始制作面包时最好预留10~20g液体，观察面团状态再添加湿度。如果面团明显偏干，也可以在配方基础上少量添加液体，总之多做几次观察，慢慢就会掌握准确的手感和状态。

3. 面包机揉面时间不要过久（不超过40分钟）。揉面过久会造成面筋断裂，而且高温天气揉面过久会使酵母提前发酵，所以天热时使用面包机揉面团最好开盖操作，否则面团易发酸。

4. 关于保存。市售面包通常含有防腐剂，可防止面包霉变，还添加了面包改良剂，可改善面包组织结构，延缓面包的老化。而家庭自制面包因为无添加所以保存期会比较短，通常两三天。刚出炉的面包冷却到和手心温度差不多时，放入保鲜袋内扎口，放在室温下即可保持柔软美味。如果有吃不完的面包不要放在冰箱冷藏，因为低温会加速淀粉的老化，而当温度降低到0℃以下的时候，淀粉的老化作用反而会放缓。所以可以将吃不完的面包用保鲜袋包好后放入冰箱冷冻区保存，要吃的时候取出来，在面包表面喷点水，重新烘烤解冻。（烤箱温度在100~120℃，时间视面包大小自行调节。）

融化少量巧克力的方法

制作甜点需要少量巧克力装饰时，使用这个简单的方法可以无须另外占用锅子来融化巧克力。

1. 将巧克力切碎放入裱花袋中。

2. 在裱花袋外面再套一层裱花袋（防止巧克力受潮进水）。

3. 将裱花袋用夹子固定在玻璃杯中。

4. 倒上开水浸没巧克力。待巧克力彻底融化（5~10分钟）后取出，裱花袋剪小口装饰甜点即可。用不完的巧克力密封后放入冰箱冷藏保存，可以在保质期内重复使用。

后序

不知不觉，82 道甜点的介绍已经基本接近尾声了。回过头整理文字和图片时，回想那些一边查找资料做甜点、一边满手面粉抱着相机上下纷飞拍摄制作过程的那些日子，真的是充实、辛苦而愉快。

还记得很久之前，给自己罗列过心中想要实现的愿望清单，其中之一就是希望能够出一本食谱，把自己很喜欢，尤其是自己创作出来的甜点记录下来并且分享给他人，没想到有一天居然可以梦想成真……

所以真心想要感谢的人好多好多：从始至终给予支持和帮助的豆果美食工作人员、对工作热情满满的编辑、理解并支持我的家人和朋友（尤其是被迫吃过很多甜点试验品、帮忙洗刷过很多烘焙用具却依然无怨无悔的我先生），还有给予许多奇妙灵感的烘焙伙伴们，以及提供烘焙设备的九阳股份有限公司，能够得到这么多帮助和鼓励，越想越觉得自己是非常幸福并且幸运的人，也希望能够通过这些美味的甜点把甜蜜和幸福分享给其他热爱美食、热爱生活的人们。

提到烘焙，特别想说的是：很多烘焙高手都会提醒初学者一定要严格按照配方操作，不要修改。但我认为，烘焙初学者们在烘焙过程中灵活处理、实时观察相对而言更为重要。因为基本市面上每种烤箱的温度都会略有差异，每个人所在地区的温度、湿度也都不相同，甚至于每批面粉的吸水性都不相同，个人的口味更是千差百异。

而不论是烤箱、面包机还是料理机，设备永远只是工具，只有尊重食材、用心观察、仔细感受、带着爱与热情、不畏失败、不断调整，才能做出真正符合家人口味的美味甜点。

最后祝愿所有热爱生活、热爱烘焙的朋友们每一天都过得快乐又满足、心情好又暖。

祝大家梦想成真！

图书在版编目（CIP）数据

新鲜出炉 / Mia 著 . -- 北京 : 电子工业出版社 ,2016.8

ISBN 978-7-121-28490-8

I. ①新… Ⅱ . ① M… Ⅲ . ①烘焙 – 糕点加工 Ⅳ . ① TS213.2

中国版本图书馆 CIP 数据核字 (2016) 第 064260 号

策划编辑：于兰　王秋墨

责任编辑：于兰（QQ1069038421 新浪微博 @Ms 老于）

特约编辑：孙鹏

整体设计：周周设计局

印　　刷：北京盛通印刷股份有限公司

装　　订：北京盛通印刷股份有限公司

出版发行：电子工业出版社

　　　　　北京市海淀区万寿路 173 信箱　　邮编：100036

开　　本：787×1092　　1/16　　印张：13　　字数：332 千字

版　　次：2016 年 8 月第 1 版

印　　次：2016 年 8 月第 1 次印刷

定　　价：59.80 元

　　凡所购买电子工业出版社图书有缺损问题，请向购买书店调换。若书店售缺，请与本社发行部联系，联系及邮购电话：（010）88254888，88258888。

　　质量投诉请发邮件至 zlts@phei.com.cn，盗版侵权举报请发邮件至 dbqq@phei.com.cn。

　　本书咨询联系方式：（010）88253801-225。